TRAITÉ COMPLET
DU KERMÈS,

CONSIDÉRÉ SOUS UN RAPPORT NOUVEAU,

RELATIVEMENT

Aux Circonstances de sa Vie, à sa Propagation,
à sa Conservation,

Et aux Moyens de le rendre propre à remplacer

LA COCHENILLE DES ILES;

PAR M. MICHEL TRUCHET, D'ARLES.

A PARIS,

Chez ARTHUS BERTRAND, Lib., rue Hautefeuille, n° 23.

1811.

TRAITÉ COMPLET

DU KERMÈS,

POUR REMPLACER

LA COCHENILLE DES ILES.

Il n'est pas de bon Français qui ne doive saisir avec empressement toutes les occasions qui peuvent déjouer le monopole du tyran des mers.

Chacun doit chercher à utiliser les ressources de notre sol afin de substituer les productions indigènes à celles d'Amérique; déjà l'on a beaucoup fait pour le sucre et pour l'indigo : il est bien à désirer que nous puissions aussi remplacer la cochenille.

Un tel motif m'avait déterminé, durant le cours de ces dernières années, à faire des expériences dans le département des Bouches-du-Rhône, pour tâcher d'obtenir une substance ou fécule qui pût colorer en bleu. Je les ai suspendues depuis que le Gouvernement, par son décret du 25 mars 1811, a cru devoir principalement fixer l'attention des cultivateurs sur le pastel (*Isatis tinctoria*. Linn.). Il est cependant d'autres substances tinctoriales dont les arts ont besoin pour le rouge ; telle est, par exemple, la cochenille qu'on tirait de Quito ou du Mexique, et que nos départemens méridionaux peuvent fournir ou remplacer en abondance par le moyen du kermès qui a les mêmes propriétés , et dont le prix doit revenir infiniment moins cher dès que le Gouvernement voudra en encourager la culture.

Sur cet important sujet, j'avais déjà offert quelques notes succintes en 1808 , insérées au tom. 39 des Annales de l'Agriculture française, page 264; mais l'impulsion donnée à l'opinion par l'instruction sur la récolte du kermès, publiée en vertu des ordres de son Exc. le ministre de l'intérieur, et rédigée par MM. Tessier, Bosc et Olivier, membres de l'Institut, ayant ranimé en moi le désir d'être utile, cela m'a porté à rassembler des notes que j'avais depuis long-tems en porte-feuille et à faire de nouvelles expériences que je m'empresse de publier. Je n'ignore pas que d'autres ont traité cette matière , tels que Quiqueran de Beaujeu , J. Bauhin, Lobel , Pena, Clusius, Emeric, Réaumur, Darluc , Bomarre et éditeurs de dictionnaires qui se sont copiés successivement : mais les uns en ont parlé d'une manière trop superficielle, ou comme d'un objet de simple curiosité ; d'autres ont avancé des erreurs ou de fausses observafions ; la plupart n'ònt pas même vu le kermès , n'étant pas du pays qui le produit , ou ne sont pas descendus sur les lieux : aucun n'a parlé de la culture de l'arbuste sur lequel on le cueille , ou donné des moyens de propagation de l'insecte pour en faire une grande branche d'industrie , devenue bien précieuse aujourd'hui.

J'excepte le nouveau Cours complet d'Agriculture , par les membres de la section d'agriculture de l'Institut , à l'article *Cochenille* , qui est rédigé par M. Bosc. J'excepte aussi l'Encyclopédie méthodique , au mot *Kermès* , par M. Olivier; mais comme ces savans estimables, en rédigeant ces articles, n'ont fait qu'exprimer le vœu qu'on dirigeât l'industrie des habitans des provinces méridionales vers cet objet , j'écris pour en remplir le but. M. Millin a traité aussi cet objet avec une érudition propre à faire désirer la publication du quatrième volume de son voyage dans les départemens méridionaux , mais j'envisage ce sujet sous un autre point de vue que lui.

Ce mémoire ne contient réellement que ce que j'ai vu de mes propres yeux. Propriétaire-agriculteur à Arles , j'ai fait un grand nombre de courses pour épier ce gallinsecte dans les champs ; je le possède de plusieurs façons , tant vivant que desséché , et l'ai dessiné d'après nature sous ses différentes formes.

HISTOIRE NATURELLE DU KERMÈS.

Le kermès, considéré comme devant éprou-
vers divers états ou métamorphoses, est un gallinsecte hémiptère (demi-aile) de la famille des
phytadelges (je suce les plantes), qui vient sur
le petit chêne (*quercus coccifera* Linn.). Les naturalistes modernes lui ont donné un nom géné-
rique, relatif à l'espèce, mais il serait convenable de le dénommer pour chacune des transformations qu'il subit.

Quelques auteurs l'ont pris pour une excroissance, une tumeur ou un fruit de la plante, à
tel point qu'on l'a appelé graine d'écarlate,
quoique dans le langage du pays le mot *vermet*
ou *vermillon* (petit ver), dût faire voir qu'on ne
s'y méprenait pas sur sa nature. Les Latins l'ont
appelé *coccus baphica* ; les Arabes *chermes* ou
kermes : Pline le nomme simplement *cocum*. Il
vient naturellement dans les départemens méridionaux qui ont été formés de portions de la
Provence et du Languedoc, de même qu'en Espagne et dans l'Archipel ; mais on le trouve principalement dans les communes de Cornillon,
Lançon, Salon, Istre, Fos, Eyguière, les
Baux, Fonsvielle, Tarascon, Arles, Bellegarde,
Saint-Gilles, Vauvert, où l'on en prend d'autres
soins que de le cueillir dans le printems, à l'é-
poque qu'Emeric appelle improprement le *troisième tems* ; ce qui correspond au milieu ou vers

la fin de mai, à moins que les brouillards ou la gelée blanche ne l'aient fait tomber avant le tems de sa maturité. C'est ainsi que s'expriment les habitans du pays.

J'aurais dû placer ici la description de ce gallinsecte, si cette description elle-même ne faisait pas essentiellement partie de son histoire. Etant obligé de le suivre graduellement, il faudrait qu'à chaque phase de sa vie, je le désignasse d'une manière particulière ; dès lors ce qui eût été bon dans une nomenclature n'aurait pas suffi pour le but que je me propose, ou j'aurais été dans le cas de tomber dans des redites que je veux éviter.

Comme la plupart de ceux qui l'ont décrit ou qui en ont parlé, parmi les modernes, n'ont fait que transcrire plus ou moins servilement ce qu'a publié Eméric en 1705, il n'est pas surprenant que des uns aux autres, on soit tombé dans l'erreur en adoptant son systême, soit pour le tout, soit pour partie. Réaumur lui-même, dont le nom fait à juste titre autorité, n'a point été à l'abri de la prévention en écrivant sur la foi d'autrui ; et s'il a relevé l'erreur manifeste d'Eméric, quand celui-ci veut que des œufs puissent *passer à travers les pores des racines du chêne et suivre le cours de son suc nourricier*, etc., il n'a pas moins partagé son sentiment à l'égard de ce qu'il appelle les œufs contenus sous ce gallinsecte.

Ecrivant par amour de la vérité , je ne crains pas de dire que ce célèbre naturaliste s'est trompé à cet égard ; j'en appelle aux nouvelles observations que les savans de nos jours peuvent faire pour avérer ce que j'avance. Réaumur , d'ailleurs si bon observateur, n'a point vu le kermès de Provence dans ses divers états ; celui qu'on lui a envoyé , par la raison qu'il appartenait à une branche déjà desséchée , était peut-être mort , ou n'était plus avec ses caractères particuliers ou ses attributions locales. Les remarques qu'il a appliquées à toute la famille, lorsqu'il l'a appelée *gallinsecte* , n'étaient tirées en général , comme il le dit lui-même , que de ceux des orangers et du pêcher. Or , pour bien connaître un individu , il faut pouvoir l'observer dans toutes les circonstances de sa vie , quoique l'on apporte un esprit à l'abri de la prévention, et répéter diverses fois la même expérience , seul moyen qui mène à tirer des conséquences justes et concluantes.

Je distinguerai donc dans la vie de cet animal trois époques ; mais quoique d'accord, quant au nombre , avec Eméric ou ceux qui l'ont copié , je ferai cette division d'une autre manière , plus conforme à la vérité , et d'après les transformations bien précises que subit l'insecte. Je le considérerai sous la forme de larve ou gallinsecte proprement dit , ensuite sous celle de chrysalide ou nymphe ; et enfin

sous celle où il se trouve quand le mâle a pris
des ailes.

PREMIER AGE DU KERMÈS, AVANT AUCUNE TRANSFORMATION.

Fils du printems, ce petit insecte ne se manifeste point au grand jour, que la nature dans
son rajeunissement annuel n'ait de nouveau
pourvu à sa subsistance, à l'époque où une
température favorable vient ranimer la végétation , vivifier tous les êtres , et produire une
plus grande abondance de sève qui devient
son aliment.

Dans le climat des bouches du Rhône, c'est
ordinairement vers les premiers jours du mois
de Mars que l'on commence à apercevoir
sur le *chêne arbuste* (*quercus coccifera* Linn.)
un petit point rouge brun que l'on distingue
à l'aide d'un bon micoscrope, pour être un
animal nouvellement éclos. Communément il
est placé sur l'arbuste au-dessous d'une bifurcation de branches (*Planche I*, *fig.* 2 *a*), ou
tout au moins sous les aisselles ou vers le
pédicule des feuilles , et jamais dessus celles-ci ;
ou sur leurs tendres rejetons , comme l'avance
Bomarre, position qui n'est pas sans but; car les
actions de ce petit animal, ne provenant ni de ca-
prices ni de cas fortuits, attestent au contraire
combien l'ordre et la prévoyance lui furent

accordés pour sa conservation ou son accroissement. Mieux à l'abri des brouillards et des
coups de soleil, en cette place, il ne craint
point de chuter avec la feuille trop fragile, ni
de manquer d'aliment, s'étant ainsi mis à l'endroit où il en circule le plus; j'aurai occasion plus
bas d'étendre cette remarque, en parlant des
secondes récoltes qui arrivent dans certaines
années, et je continuerai de décrire son enfance.

Il est bien plus rare de le trouver isolé sans
aucun voisin près de lui ; vraisemblablement
les œufs que l'insecte pond dessus l'arbre
pendant l'été, lorsqu'il n'est pas sous la forme
de gallinsecte et qu'il marche, sont placés en
grappes agglomérées, dont il n'a échappé des
rigueurs du froid et des orages que deux ou
trois sur cent.

Les œufs, dis-je, sont d'une petitesse microscopique infinie; leur assemblage, *sur l'arbre*,
paraît être une réunion de quelques très-petits
grains de sable, arrondis, gris-roussâtres,
adhérens contre l'écorce ; lesquels, quand
toutes les circonstances sont favorables, laissent
éclore ce petit animal rouge dont il est question ici.

Peu de tems après sa naissance, on le
distingue à la simple vue, quand il est à-peu-
près de la grosseur d'un petit grain de millet,
ou pour mieux dire d'une très-jeune punaise
brunâtre dont il a l'apparence, à l'exception

près de la tête et des pattes en quoi il diffère. Son organisation ou sa chair est une substance presque transparente qui laisse voir dans l'intérieur de son corps, pour lors un peu convexe, la matière sanguinolente dont il est rempli. L'animal dans sa jeunesse a le dos tout hérissé d'aspérités rocailleuses, comme de tubercules ou mamelons reluisans, semblables à une matière gommeuse, rouge-brun ; par la suite et quand il grandit, il se renfle et toutes ces aspérités disparaissent.

Sa forme totale est ovoïde, un peu pointue vers le derrière où se trouve une ouverture faisant fonction de voie excrémentielle et de vagin (*Planche I*, *fig.* 3, *b*). Dans le commencement, on ne lui distingue pas bien le thorax, mais quelque tems après l'on peut lui voir ce viscère. Du côté de la tête qui est obtuse, (*Planche I*, *fig.* 3, *c*), il a deux espèces de bras ou mamelons informes, (*Planche I*, *fig.* 3, *d*), qui avancent presqu'autant qu'elle, tout en décrivant un demi-cercle en dedans. C'est vraisemblablement cet organe qui sert à sa nourriture ou tout au moins à former l'agencement de son nid ; assez près du thorax et venant vers le devant de la tête, on voit l'apparence d'un stigmate formé comme une bouche fendue à sa partie inférieure, et par-dessus une espèce de proboscis ou trompe qu'il introduit probablement dans le bois pour faire extravaser la sève qui doit lui servir de nourriture.

Ses jambes, ou pour mieux dire ses pattes, sont au nombre de six, dont deux très-déliées en avant, et quatre plus évidentes ensuite, placées par paire de chaque côté du thorax, depuis le premier anneau jusqu'au troisième. J'ai cru apercevoir après le tarse trois griffes ou crochets que la petitesse de leur organisation, dans le premier âge, ne laisse remarquer que comme de petits points filamenteux, et c'est le seul tems où l'on puisse les observer; car lorsque l'animal a pris toute sa croissance, il adhère tellement contre l'arbuste qu'on ne peut l'en détacher, même avec précaution, sans lui faire de déchirure, outre que la matière cotonneuse l'offusque et empêche de bien voir.

Le kermès a le corps formé extérieurement par huit anneaux de matière écailleuse, flexibles, un peu transparens, lui faisant fonction d'ostéologie et se recouvrant les uns sur les autres. Ces anneaux, destinés par la suite à s'étendre, sont séparés entr'eux par une sorte de membrane élastique plus souple que le reste. Il est de couleur prune Perdrigon ou de Damas, et se charge ensuite d'une espèce de poussière blanchâtre, participant de gris et de rouge, qu'on appèle *la fleur* dans le pays; en ce premier état, il a l'apparence d'une écaille de tortue raboteuse , qui serait rayée en travers par diverses bandes pointillées.

Quoiqu'il ne soit pas vêtu , comme on voit , des couleurs les plus brillantes, tels que plusieurs insectes qui semblent n'avoir rien oublié pour la richesse de leur parure , il veut mettre néanmoins un certain luxe dans la livrée qu'il porte ; car malgré sa modestie on peut distinguer, entre les anneaux de son corps , divers petits points ou boutons jaunes , semblables à l'or et reluisans comme ce riche métal ; mais à cette distinction près, il n'a que fort peu d'apparence. J'ai tout lieu de croire que ces petits points ne sont autre chose que les organes de la respiration , puisqu'ayant essayé d'y mettre une petite couche d'huile par-dessus , l'animal en demeura suffoqué , ou du moins il parut mourir par suite de ce traitement.

Je partage volontiers l'opinion d'Eméric à l'égard des petits points noirs qu'il regarde comme l'organe de la vue , malgré que Réaumur, en disant : « Eméric lui donne des yeux », semble infirmer l'assertion. Véritablement ces points sont d'une petitesse infinie , ce qui n'exclut pas leur existence et leur destination , puisqu'il n'y a point d'insecte complettement aveugle , comme chacun sait , et même que certains possèdent , selon Leuwenhoëck , plus de trente - quatre mille cristallins sur chaque cornée. D'ailleurs la vivacité de cet animal, dans les premiers instans qu'il est larve ou chenille, les mouvemens rapides qu'il fait avant de se fixer sur la place où il doit vivre et se transformer, ne pronveraient-ils pas qu'il voit bien les objets dont il a besoin? Plus nous connaîtrons cet insecte, plus nous aurons lieu d'admirer les merveilles infinies de la création; lorsque nous aurons pu juger que l'auteur de toutes choses l'a doué d'une organisation parfaite dans sa petitesse, en lui accordant comme aux plus grands animaux des viscères, des utricules, des ovaires, des liqueurs, pour opérer les fins qui lui furent prescrites, et cela avec une perfection au-dessus même de ce que l'imagination peut concevoir de plus délié et dont elle a peine à suivre les détails qui lui échappent.

Tel est pourtant cet animal dont nous avons vu les formes depuis sa naissance jusqu'à présent : mais pour compléter le premier période de sa vie, nous aurons encore à le suivre jusqu'à son parfait accroissement, quand il aura véritablement mérité le nom de gallinsecte, et voir l'usage qu'il va faire de sa conformation, avant qu'il passe à l'état de nymphe ou de chrysalide.

Comme j'ai dit que sa trompe lui servait à faire découler la sève dont il a besoin pour se nourrir, je n'ajouterai rien, sinon qu'il faut

que cette trompe soit bien forte pour être propre
à percer le bois plutôt que les feuilles, et je
dirai qu'il y a lieu d'être étonné de la quantité
d'aliment que sa petitesse consomme : semblable
en cela à toutes les chenilles qui, malgré
qu'elles ne fassent pas un grand exercice sous cette
première forme, ont néanmoins un besoin
extraordinaire d'aliment, afin de se préparer,
il semble, à cette abstinence complette qu'elles
éprouveront, quand elles auront pris la forme
inerte de chrysalide impassible, de nymphe
engourdie, ou bien pour suffire à la dépense
qu'elles feront, lorsqu'elles voudront se reproduire. On aurait même lieu de croire que le
gallinsecte fait une consommation plus grande
que celle d'aucun individu de sa façon, quoiqu'il y ait des chenilles bien voraces ; car l'on
peut voir, au pied de l'arbre qui le porte, une
assez grande humidité provenant de ses excrémens ou de la sève qu'il peut faire couler sans
nécessité, ce qui ne doit pas se supposer.

Une chose remarquable, c'est la vitesse extraordinaire avec laquelle il marche étant très-
petit, comparée à son habitude sédentaire,
quand il devient fixe et stationnaire pour grossir:
nous allons le reprendre à ce point. J'ai dit que,
dans le commencement, on le voit comme un
point rouge-brun de la grosseur d'un grain de
petit millet, c'est alors qu'il se pose en une place
pour y rester immuable pendant près de trois

mois, en ne comprenant que le temps où il croît. Durant ce tems il subit trois mues ou changemens, le premier est le dépouillement d'une peau très-mince dont il se débarrasse en la déchirant, et attendu qu'il n'a pas la faculté de changer de place comme d'autres insectes, il la fait sauter par une sorte de mouvement péristaltique. Le second est la formation d'une espèce de poil hérissé blanc, ayant l'apparence de la poussière, qui vient le couvrir entièrement, comme si c'étaient des points très-petits de matière gomo-résineuse dont il fût saupoudré, lorsqu'il touche au terme de son accroissement. Et le troisième enfin, est cet accroissement progressif et journalier qui le fait parvenir à toute l'ampleur qu'il doit avoir. Il est bon de remarquer que son augmentation est plus grande dans huit jours vers son terme complet, qu'elle n'est dans quinze au commencement; jusqu'à ce qu'enfin il soit parvenu à la grosseur d'un grain de poivre et plus souvent de celle d'un petit pois, sous l'aspect d'un sphéroïde tronqué ou d'une galle dont on aurait retranché une petite portion, posé sur la partie du segment. C'est l'extension de ses anneaux ou celle de la membrane entre deux qui le fait parvenir à cette forme ronde, unie, bien digne de lui avoir mérité, de la part de Réaumur, le nom de gallinsecte. Par cette description exacte, on voit que l'expression de *bateau renversé* dont quelques auteurs se sont servis pour mieux peindre sa forme, ne lui convient pas du tout, puisque la sienne est presque ronde.

Ainsi enveloppé, et à cette époque, ce premier kermès ne laisse rien apercevoir de son intérieur ; son apparence alors est celle d'une coque lisse, brun-rougeâtre, immobile ; quoiqu'il y en ait de cette façon de l'année précédente et qui sont morts, on les distingue en les écrasant ; les vivans rendent une humeur sanguinolente, épaisse, rougeâtre, et les morts renferment des débris blanchâtres comme une poussière ou comme un détritus de cocons.

Il est nécessaire de mentionner que, vers la fin de son accroissement, le kermès commence à former une espèce de nid, en filant une matière presque cotonneuse blanche, qui est d'une certaine épaisseur et qui la déborde tout autour comme un bourlet (*Planche I*, *fig.* 2, *a*) ; en cet état l'insecte est séparé de la branche par ce nouveau matelas, en forme de corbeille qui doit servir à loger ses cocons ; (qu'Eméric et autres ont appelés ses œufs) ; outre que le gluten de la matière avec laquelle il est tissu, sert de lien tellement adhérent, qu'on ne peut jamais l'enlever complettement avec l'ongle : il faut un canif pour cela, malgré ce qu'en dit Nissole.

C'est véritablement à l'époque de la filature de son nid ou à celle de toute la croissance de ses poils hérissés, que se termine la durée de sa première phase ; c'est pourquoi je finirai ici la description de ce période où nous n'avons vu du kermès que ses formes extérieures. Cependant, en supposant même le systême de l'incubation, il faut remarquer que ce serait improprement que l'on dirait de lui qu'il *couve*, comme on s'exprime dans le pays, quand on dit : *lou vermet groue* ; ce qui serait tout au moins une fausse expression ou une mauvaise division d'époque, puisque jusqu'alors le kermès n'a fait que grossir.

SECOND AGE DU GALLINSECTE, DANS LEQUEL IL DONNE NAISSANCE A SES PETITS, ET LA PREMIERE TRANSFORMATION QU'ILS SUBISSENT.

Parvenu à l'époque que je vais décrire, le kermès présente un des spectacles les plus intéressans qui puissent s'offrir aux yeux du naturaliste. C'est alors qu'il est dans le cas d'exercer toute la sagacité de l'observateur curieux, de celui qui veut apprendre par quels moyens infinis et toujours merveilleux, le souverain Être des êtres a su organiser cet insecte dans sa petitesse. Le philosophe peut se procurer le plaisir indicible de découvrir les secrets de la nature, ou bien humilier son amour-propre en avouant son ignorance et son néant devant les mystères de la création.

Lorsque ce gallinsecte a atteint un diamètre d'environ deux millimètres et demi ou trois millimètres, il commence à filer sous lui le nid cotonneux dont j'ai parlé, qui le déborde entièrement tout autour. Ce nid demeure de la même grandeur qu'il a été construit d'origine, tandis que l'insecte, continuant de grossir de jour en jour, prend de plus en plus la forme sphérique, jusqu'à parvenir au diamètre de six à huit millimètres ou bien d'un petit pois. Il n'a plus rien alors de ce qu'on lui avait remarqué de charnu, sa coque est devenue lisse et écailleuse, hérissée extérieurement d'une infinité de grains semblables à un poussier blanc ou pour mieux dire à une transsudation gomo-résineuse, le tout pour servir d'enveloppe à ses petits.

Mais si l'on veut soulever cette enveloppe pour connaître ce qui se passe dans son intérieur, on a la preuve bien complète que ce n'est point un fruit ni une excroissance. Il est même étonnant que l'on ait avancé une opinion contraire à cela ; d'ailleurs la place sur laquelle il est attaché, laisse appercevoir diverses empreintes de jambes (*Planche I*, *fig.* 1, *e*) et autres parties saillantes de son corps (*Planche I*, *fig.* 1, *e*). On voit bien distinctement, même à la simple vue, que c'est un animal, à la vérité, d'un genre tout particulier, demeurant sédentaire pendant environ

90 jours sous la forme où il acquiert toute sa croissance, sans changer de place ; qui opère une gestation et donne naissance à 1800 ou 2000 petits, lesquels subissent une métamorphose ou transformation.

Cependant, quoique l'on soit généralement d'accord sur ce point, il reste encore à rectifier une erreur essentielle qui a été commise par tous les naturalistes des uns aux autres sans exception, lorsqu'ils ont avancé que le kermès pondait des œufs, qu'il les couvait ; chose qui n'était pas probable, et que des observations réitérées m'ont mis à même d'avérer et de reconnaître pour fausse, comme peuvent s'en convaincre ceux qui répéteront les mêmes expériences ; pourvu toutefois qu'ils se prémunissent contre la prévention qui peut les accompagner.

Il faut convenir que les apparences sont bien faites pour tromper à cet égard ; moi-même, au premier aspect, il m'a semblé voir des œufs sous le kermès ; lorsque relisant attentivement ce qu'ont écrit les modernes, je crus appercevoir qu'il y avait contradiction des uns aux autres, ou que l'un avait tenu compte d'une circonstance qui avait été négligée par le subséquent, quelquefois la contradiction étant dans le même auteur. Je fis encore la réflexion qu'Eméric paraissant avoir traité la matière à fond, tous ceux qui ont écrit après

lui, tels que Réaumur, Darluc, Bomarre, M.
Detigny, etc., n'ont fait que mentionner ce qu'il
a dit sans pouvoir faire les expériences nécessaires, ce qui est cause qu'ils ont tous parlé d'œufs
et d'incubation. M. Detigny néanmoins (histoire
naturelle faisant suite à celle de M. de Buffon,
page 177) s'est montré plus judicieux, en
mettant une fois de la réticence sur l'incubation
de la femelle du kermès ; car se servant des
expressions, « les couve pour ainsi dire », il
fait voir par-là qu'il y met au moins du doute.

En admettant que les grains qu'on voit sous
le gallinsecte fussent des œufs, on pourrait de-
mander encore quel est le moment où l'animal
est réellement ovipare. Est-ce quand il pond
ce qu'on appelle ses œufs, dans son nid, ou
bien quand il en dépose d'une autre manière
çà et là, pour faire naître le petit gallinsecte
au mois de Mars ? Dans un cas, ces prétendus
œufs ont besoin, malgré la température du mois
de Mai, d'être couvés pour éclore ; il faut une
préparation, un duvet cotonneux, une concentration de chaleur ; tandis que dans l'autre,
et cela deux mois plutôt, parmi les giboulées
de Mars, les œufs éclosent fortuitement sans
précaution, du moins apparente, donnant
naissance à un animal que j'ai dit ressembler
à un point rouge destiné à grossir et à se fixer
pendant deux ou trois mois.

Convenons que ces dilemmes sont embarrassans, et que, malgré la perspicacité d'habiles observateurs , on n'a point encore soulevé complètement le voile mystérieux qui cache cette partie d'histoire naturelle. Le nom de Réaumur lui-même a sans doute empêché que l'on portât plus loin les observations à cet égard ; car il est décourageant de travailler après un tel maître , et j'avoue franchement que , sans la circonstance impérieuse qui me commande , j'eusse gardé mes notes en porte-feuille , croyant peu que l'on dût mettre quelqu'importance à la connaissance d'un fait particulier pour l'histoire naturelle du kermès qui , dans tout autre tems , n'aurait pas comporté une dissertation; si d'un autre côté je ne m'étais dit que Réaumur dont l'œil pénétrant a su, dans un si grand nombre de cas , surprendre les secrets de la nature avec un discernement toujours juste , toujours lumineux , n'avait pas pu suffisamment observer le kermès dont il était malheureusement privé; ce qui l'a engagé à manifester des hésitations, à exprimer des doutes et même sembler avancer des contradictions ; puisque loin de parler affirmativement, son langage ordinaire, il dit, p. 9 : « La figure oblongue » et arrondie ne permet pas de les prendre » pour autre chose que pour des œufs »; tandis que voulant combattre M. de Marsilli , il dit, page 48 : « la cause même de la production » de ces vessies n'était pas assez connue de M.

» de Marsilli, il assure qu'il y a un tems
» où elles sont pleines d'œufs, et nous avons
» fait voir qu'elles ne contiennent jamais que
» des animaux vivans ». Indépendamment de
la question qu'il se fait, page 64, en cette
manière : » mais nos gallinsectes si lourdes,
» immobiles à un point qui fait croire qu'elles
» sont sans vie, seraient-elles des fileuses aussi
» adroites que les araignées ? »

D'après de telles incertitudes, j'ai cru pouvoir répéter les observations, non pas dans la
vue de dogmatiser, ni de faire un système, mais
afin d'éclairer cette matière en la considérant
sous le plus de faces possibles pour mieux faire
connaître la vérité.

La première fois que je voulus faire des observations microscopiques, intérieures, sur le
kermès, je tranchai l'animal en deux vertica-
lement (*Planche I, fig.* 4), depuis le dos jusqu'au dessous du ventre avec un bon rasoir,
et je vis avec admiration une foule de petits
grains remplissant tout le nid, qui ressemblaient
à des œufs de la grosseur d'un dixième de
ligne, étant deux fois aussi longs que ce qu'ils
sont larges, le tout mesuré bien attentivement au
micromètre de feu d'Aubenton que possède mon
ami, le savant M. Bourret.

Ces grains ou cocons semblables à des vessies
oblongues, mollasses (*Planche I, fig,* 5), sont
blancs, unis, paraissant même luisans dans

les premiers jours ; ensuite ils prennent une
couleur rougeâtre et deviennent tant soit peu
ridés à l'un de leurs bouts ; l'animal les dépose sous son ventre , à la file l'un de l'autre ,
comme des grains de chapelet qui se touche-
raient par leurs bouts (*Planche I , fig.* 3 , *g*),
en les mettant à l'abri du contact de l'air par
le moyen du duvet cotonneux de son nid en
dessous et par la peau de son ventre en dessus ,
qui lui sert de tégument. Il faut remarquer
que cette peau du ventre a la singulière propriété de devenir élastique et de se retirer vers
le dos à mesure que la quantité de petits augmente sous elle et comme pour lui faire place ;
de façon qu'elle parvient enfin telle qu'une
calotte en forme de voûte de four , ou , comme
le dit fort bien Emeric , rassemblant un petit
globe dans un plus grand (*Pl. I , fig.* 1 et 4).

Si l'on incline volontairement ou par mal-
adresse le fragment d'animal tranché en deux
(*Planche I, fig.* 4) , aussitôt tous les cocons
ou vessies qui sont peu adhérens entr'eux , se
répandent à terre ; il ne reste guère que ceux
enfournés , pour ainsi dire , vers les parties
inférieures approchant le plus près du nid ;
ou selon l'époque qu'on les examine , ceux qui
commencent de subir leur métamorphose , ainsi
que je le dirai plus bas , dont la forme moins
lisse peut les retenir contre le duvet.

Lorsque l'animal s'est délivré de tous ses

petits et qu'il ne lui reste plus dans le corps , ni sang, ni humeur lymphatique , la peau de son ventre vient tellement se rapprocher de celle de son dos qu'elle y semble attachée ou collée ; du moins il ne lui reste plus qu'un très-petit intervalle entre deux occupé par les utricules qui se dessèchent , ainsi que toutes les peaux devenues fermes, écailleuses, pouvant demeurer plusieurs années en cet état qui est l'état de mort pour le gallinsecte mère. Le kermès alors offre un exemple inoui d'amour maternel, en faisant de son propre corps une double enveloppe pour la conservation de ses petits, après avoir cessé de vivre par l'épuisement d'un accouchement laborieux.

Ainsi la divine Providence semble avoir dispensé cette tendre sollicitude pour leur progéniture à tous les êtres animés , depuis le ciron microscopique, jusqu'à l'éléphant colossal , tandis que les petits , à quelques exceptions près , méconnaissent leur mère , lorsqu'elle ne peut plus leur être d'aucune utilité : ingratitude qui leur sera rendue ; mais les fins de la perpétuité des espèces auront été remplies.

Sédilleau et La Hire avaient déjà observé que les gallinsectes pondaient environ douze œufs par heure , (je supposerai pour un moment que ce sont des œufs). Réaumur répéta l'observation ; il crut voir de plus , que le dessous du ventre (*Planche I, fig.* 3) était susceptible de se recou-

vrir d'un duvet blanc qui pouvait reparaître même
après avoir été enlevé. Comme j'ai fait la même
expérience, pourtant sur d'autres inductions, et
que je ne rendrais point ma pensée aussi bien que
ce célèbre naturaliste , je vais transcrire ce fait ,
ainsi qu'il le rapporte , page 66 , etc.

« Ces œufs n'étaient point encore séparés les
» uns des autres par des filets soyeux , ils se
» touchaient tous ; le ventre de la gallinsecte le
» couvrait par-dessus , mais par-dessous et tout
» autour ils étaient enveloppés d'une matière
» soyeuse; ils y étaient comme dans une espèce
» de nid. C'est le contour de ce nid qui soulevait
» le derrière de la gallinsecte et qui le débordait,
» quand elle était dans sa situation naturelle
» d'où je l'avais tirée.

» Cette disposition de la matière soyeuse me
» fit soupçonner que la gallinsecte n'avait pas
» besoin, pour envelopper ses œufs, de savoir
» l'art de filer que les araignées savent si bien ,
» qu'elle exécutait des ouvrages semblables aux
» leurs, sans se donner presque de mouvement;
» que sans s'en appercevoir, pour ainsi dire , elle
» fournissait les fils qui devaient couvrir ses
» œufs ; que tout avait été disposé chez elle par
» la nature, de façon que les fils sortaient néces-
» sairement dans le tems où les œufs en avaient
» besoin. En un mot je pensais que la matière
» qui leur devait faire une espèce de coque, était
» de la nature de celle qui s'échappe, quoiqu'en

» moindre quantité, des corps de quantité d'es-
» pèces de pucerons et même de ceux du gallin-
» secte, et qui fournit la couche de duvet qui est
» entre le corps de celle-ci et l'écorce à laquelle
» elles sont attachées; mais que certaines espèces
» de gallinsectes fournissaient de cette matière
» en beaucoup plus grande abondance que les
» autres. Pour savoir si je devais m'en tenir à
» cette idée ou l'abandonner, j'ôtai tous les
» œufs qui étaient sous le corps de la gallinsecte
» (*Planche I, fig.* 3), et toute la matière blanche
» et cotonneuse qui les y retenait et qui les enve-
» loppait en partie ; enfin je nétoyai bien tout
» le ventre et je le mis à découvert, je ne laissai
» dessus aucun duvet blanc.

» Alors il parut rougeâtre, et encore assez
» renflé, pour me faire juger qu'il contenait
» beaucoup d'œufs. Après avoir ainsi tourmenté
» la gallinsecte, je la laissai en repos, je la mis
» dans une petite boîte de bois, posée sur son
» ventre. Au bout de cinq à six heures, je la
» retournai sur le dos, (*Pl. I, fig.* 3), et je
» vis que le ventre, que j'avais laissé rouge,
» étoit poudré de blanc, comme s'il l'eût été
» d'une matière cotonneuse ; mais la couche
» de poudre cotonneuse était plus épaisse tout
» autour du corps que partout ailleurs. Cette
» matière ne semblait donc rien avoir de com-
» mun avec des fils de soie sortis d'une seule
» filière, elle semblait avoir été fournie par

» toute la surface du ventre; elle semblait avoir
» transpiré presque partout ; mais les endroits
» propres à la laisser échapper plus aisément pa-
» raissaient être auprès du bord extérieur. Sans
» rien avoir ôté à la gallinsecte, je la posai une
» seconde fois sur son ventre et dans la même
» boîte , et je l'y laissai tranquillement pen-
» dant 18 heures. Après lui avoir donné ce long
» repos, je la retournai, et alors la question me
» parut suffisamment éclaircie. La gallinsecte
» avait recommencé sa ponte , elle avait fait
» des œufs qùi, comme les grains oblongs
» d'un chapelet, étaient à la file les uns des
» autres. (*Pl. I , fig.* 3, *g*). Chaque œuf tou-
» chait , par un de ses bouts, celui qui le pré-
» cédait, et par son autre bout, celui dont
» il était suivi ; la file d'œufs allait du côté de la
» tête de l'insecte (*Pl. I, fig.* 3, *g*), et de là elle
» revenait d'où elle était partie en faisant diverses
» sinuosités. Tout le contour du corps était
» couvert de flocons de coton , bien autrement
» longs, bien autrement fournis qu'ils ne l'é-
» taient lorsque je les avais vus la première
» fois , et tous posés les uns auprès des autres ,
» d'une manière qui ne permettait pas de dou-
» ter qu'ils n'eussent crû, qu'ils n'eussent comme
» végété dans les places où ils étaient. »

Quelqu'étrange que paraisse ce phénomène ,
il n'est pas moins essentiellement vrai quant au
fond, et je ne viens pas ici renforcer l'assertion

par une avération dont Réaumur pourrait se
passer , le fait étant constant ; mais pour en induire d'autres conséquences , même d'après son
système ; moyen qui m'a servi à découvrir la
vérité , ainsi que je me flatte de le démontrer
plus bas.

D'abord cette enveloppe de matière soyeuse
que vient de mentionner Réaumur, supposeroit
que ce sont ici des cocons plutôt que des œufs.
En second lieu , pourquoi des œufs qui sont
pondus en même temps qu'un duvet cotonneux ,
qu'on voit transsuder par-dessous le ventre , ne
sont-ils pas retenus par les filets soyeux , de
façon à les empêcher de se répandre par terre ,
et de glisser comme cela leur arrive , lorsque le
moindre accident entr'ouvre le corps de l'animal ?

Je me crois obligé de dire qu'il est échappé
une inadvertance à M. Olivier, dans ce passage de
l'Encyclopédie, page 420 : « Pour mieux voir ces
» grains en place, on n'a qu'à couper transversa-
» lement le kermès avec un canif, et enlever sa
» partie supérieure (*Pl. I, fig.* 4, *h*), on fait tom-
» ber tous les grains qui étaient contenus dans
» cette partie, mais ceux qui étaient logés dans la
» partie inférieure (*Pl. I, fig.* 4, *f*) y restent,
» et on voit la petite épaisseur des parois de la
» cavité qui les renferme et comment ils sont
» empilés ». Tout le contraire arrive ; car ceux
contenus dessous le ventre étant secs, glissent

facilement , et ceux de la partie supérieure qui sont humides sont retenus, ainsi que je le fais remarquer autre part : ceci est de peu de conséquence et ne fait rien à un nom célèbre. Pourquoi voit-on aussi plus de transsudation vers les bords et surtout près le derrière de l'animal (*Pl. I, fig.* 2 , *a*), qu'en tout autre lieu ? Et j'ajouterai, comme remarque essentielle : Qu'est-elle cette substance luisante, d'un blanc jaune, qui entoure le rebord intérieur du nid et qui a l'air d'une matière glaireuse desséchée?

On a pu voir sortir effectivement de la partie postérieure du kermès (*Pl. I, fig.* 3 , *h*), quelque chose ayant la presqu'apparence d'un œuf. C'est un fait incontestable, que la Hire et Sédilleau avoient déjà avéré en 1692, et que tout le monde peut observer de nouveau; mais on aurait dû, ce me semble, pousser plus loin la remarque et examiner bien attentivement sa forme pour en tirer une autre induction. Il est étonnant même que Réaumur, à la perspicacité de qui rien n'échappe presque, n'ait pas dit, en parlant du gallinsecte de l'oranger, objet de ses observations spéciales , que les prétendus œufs, au reste de forme parfaitement ovoïde , étaient rayés ou canelés en travers, comme par des anneaux (*Pl. I, fig.* 5), peu prononcés, ayant d'un côté seulement une rainure longitudinale, en un mot, étant fait comme une espèce de vers renflé , très-court, très-obtus, sans tête ni

queue apparente , sans pattes ni crochets , pouvant passer, à cause de sa forme, pour un œuf,
quoique ne l'étant pas.

Cependant la description de la Hire et Sédilleau , insérée dans les Mémoires de l'Académie, année 1692, page 11, devait mettre sur
la voie de pousser plus loin l'observation, car
voici comme ils s'expriment : « La figure de
» ces œufs paraissait à peu près ronde , suivant
» leur largeur , mais environ deux fois plus
» longue que large ; ils étaient fort polis, si ce
» n'est qu'il y avait un pli suivant la longueur
» et quelques petites rides en travers , etc. »

Ce seul énoncé fait voir qu'on avait aperçu
certaine apparence d'œuf, mais que les rides,
comme on les appelle, nécessitaient d'autres
observations. D'ailleurs, si c'étaient des œufs,
ils ne pourraient pas , après avoir été pondus ,
changer de place un à un , par la compression
de l'air , ainsi qu'ils l'ont fait dans la ponte ordinaire , puisque tout ici se passe mystérieusement à l'abri de son contact ; outre que la matière cotonneuse n'a pas la propriété de se dila-
ter et de se resserrer comme une membrane, il
faudrait donc alors imaginer un moyen pour
pousser ces œufs et les mettre en place. Mais
cela se peut-il ? Car, comprimez un tas d'œufs
quelconque, vous les écraserez. Cette remarque
seule devait embarrasser, dans l'hypothèse que
c'étaient des œufs.

Je sais bien que Réaumur, page 15, suppose un moyen ingénieux pour y suppléer, en disant : « Il y a sans doute des mouvemens intérieurs ; » les anneaux mobiles du côté du ventre peuvent » aider, par leur compression, la sortie des » œufs ; mais je m'imagine que des mouve- » mens successifs de ces mêmes anneaux con- » duisent les œufs vers la partie antérieure : le der- » nier, le cinquième anneau, pousse l'œuf qui » vient de sortir, à l'anneau qui le précède, au » quatrième ; celui-ci le fait avancer jusqu'au » troisième, et ainsi, d'anneau en anneau, il » est conduit jusqu'au premier. » Tout cela paraît bien imaginé, mais malheureusement tout cela est impossible à exécuter ; car en se figurant une première rangée d'œufs sur le nid, comme le seraient des billes de billard recouvrant tout un tapis, pourrait-on faire rouler d'autres billes sur celles-là, même avec un mouvement de compression? Ne tomberaient-elles pas nécessairement dans l'intervalle que produit la forme sphérique de l'une à l'autre, en supposant que les coques fussent fermes. Mais c'est bien pire ici, nos prétendus œufs sont mollasses, ils sont lisses ; dès-lors la compression tendrait à leur faire boucher tous les intervalles, et les empêcherait de se rendre de la queue à la tête de l'animal.

On peut encore ajouter qu'ils marchent dans le sens longitudinal, ainsi que l'avoue Réaumur , comme si c'étaient des grains de chapelet ovales , enfilés à la queue l'un de l'autre , ce qui rendrait le mouvement de rotation impossible.

La certitude d'avoir vu pondre , pour ainsi dire , le gallinsecte , a induit en erreur ; on a raisonné implicitement par induction ; pourtant en se servant de cette méthode , pouvait-on perdre de vue qu'un œuf hardé , ainsi qu'on appelle celui qui est mou et sans coque , n'a pas les conditions pour éclore , si le contact de l'air atmosphérique ne vient raffermir la matière calcaire qui l'entoure extérieurement , et qui le couvre par-dessus la membrane ou pellicule. Ne sait-on pas que la privation d'air empêche l'incubation ; pourquoi alors l'insecte aurait-il la prévoyante précaution de s'entourer d'un duvet qui doit lui nuire en rendant l'air impénétrable. On ne pourrait pas alléguer avec plus de vraisemblance que ce nid est fait pour augmenter la chaleur ; car la température devant être la même pour tous les œufs , elle ne doit pas commencer pour le premier autrement que pour le dernier , puisqu'ils ne viennent pas tous au même instant , et que Sedilleau et la Hire , avec tous les observateurs , ont vu pondre à peu près douze fois , par heure , ce qui , à raison de 1700 ou 2000 , ferait une durée de six ou sept jours. Donc, les premiers seraient grillés , pour ainsi dire , que les derniers ne seraient pas encore nés , en se ser-

vant même de l'observation de Réaumur, qui
fixe à 10 ou 12 jours la durée de l'incubation. Au
lieu que, quelque chaleur qu'il fasse, la gestation
des vivipares n'est ni retardée ni accélérée : elle
dure un certain terme préfix. Au surplus,
qu'est-ce qu'on imaginerait pour venir au se-
cours d'un pauvre poussin, ayant consommé
tout le liquide ou sérum contenu dans la coque
qui n'est plus pour lui qu'une loge incommode,
où il se trouve sans aliment ; surtout sa place
étant vers la tête du gallinsecte, c'est-à dire
couvé le premier, pour être le dernier à sortir.
L'analogie fait - elle voir beaucoup d'ovipares
qui commencent leur incubation dès le premier
moment de leur ponte, sans discontinuation ?
Ce serait à ne plus finir en envisageant la
question sous ce rapport ; cela ouvrirait trop
carrière au vaste champ des systêmes. Il est
surprenant même qu'on y soit entré.

Mais disons les choses comme elles sont :
quoique les hommes, en général, désirent
sortir de l'erreur ; quoique l'on cherche de bonne
foi la vérité, il est arrivé souvent qu'on a com-
battu un systême par un autre, sans que l'on
s'en doutât. Auparavant on avait tellement
affirmé que le kermès n'était pas un animal !
Des savans, d'ailleurs recommandables, s'é-
taient rangés de cette opinion, que d'autres
avaient cru rendre la vérité triomphante en
s'arrêtant au premier signe d'animalité. C'é-

tait beaucoup, sans doute, d'avoir prouvé que le gallinsecte récelait dans son sein une foule d'individus qui deviendraient un jour semblables à lui; d'avoir observé que ces petits ne devaient voir la lumière qu'après un certain laps de temps; mais on pouvait se dispenser d'en inférer que cela s'opérait par le moyen des œufs, bien que cette forme fût presqu'apparente.

J'avais déjà soupçonné, et je crois avoir suffisamment dit que ce qu'on avait pris pour des œufs, était une toute autre chose ; cette opinion me fit examiner toutes les circonstances qui accompagnent la ponte. Ainsi que la Hire , Sédilleau et Réaumur , j'enlevai tous les grains de dessous le ventre pour savoir s'il en reviendrait d'autres après ceux-là ; ce qui ne manqua pas d'arriver (*Pl. I*, *fig.* 3). Le nombre de douze œufs pondu par heure ne m'a pas semblé bien régulier. De plusieurs animaux soumis à des expériences , les uns ont été plus lents, les autres plus expéditifs ; je crois même que la grosseur du ventre y contribue, c'est-à-dire que plus il est gros , plus il y a de célérité. L'animal quoique renversé (*Pl. I, fig.* 3), n'en continue pas moins ses fonctions pénibles ; cependant il y a lieu de croire que cette position le fatigue , comme on peut en juger par les contractions de son ventre , que l'on voit remuer.

J'ai cru reconnaître aussi que la mère gallin-

secte met ses petits en place au moyen de ses
pattes, mais je ne l'ai jamais complettement
avéré, parce qu'on ne peut observer l'animal
que lorsqu'il est renversé. Mais ce que j'ai bien
vu, que je puis bien affirmer, c'est que les
cocons, vessies ou œufs, comme on voudra les
nommer, ne roulent pas ; ils sont traînés en
glissant à la file l'un de l'autre (*Pl. I, fig.* 3),
soit qu'ils y contribuent eux-mêmes par leurs
petites rides, soit que la mère, avec ses trois
griffes à chaque patte, se les transmette. Au
reste, tout cela se passe dans un certain liquide ou
lymphe séreuse qui ne permet pas de bien distinguer. Toujours est-il que leur direction, ainsi
que l'ont dit Réaumur et autres, va de l'anus à
la tête du gallinsecte en passant vers les bords
extérieurs (*Pl. I, fig.* 3, *g*), comme pour s'ap-
procher le plus près possible de ses pattes. C'est
aussi vers les bords, et principalement aux
environs de l'anus que l'on voit le plus de ce
sérum.

Mais l'observation faite par Réaumur qu'un
duvet cotonneux peut revenir, après avoir été
enlevé, sous le ventre de l'animal, étoit trop
curieuse pour que je ne cherchasse pas à la ré
péter ; c'est aussi une de celles où je mis le plus
d'attention. Non seulement j'eus la même sa-
tisfaction que ce célèbre naturaliste, mais cela
me fournit de plus le moyen de faire une observation très-importante ; savoir, que ce n'est

point un duvet transsudé des mamelons ou filé
par l'animal : c'est une toute autre matière ;
outre que cela me mit sur la voie de connaître
la véritable nature des prétendus œufs.

Je raclai donc une seconde fois, comme Réaumur, tout le dessous du ventre pour enlever le
duvet cotonneux, et comme lui je mis la peau à
découvert, qu'alors je vis rougeâtre. Mais soup-
çonnant que la prétendue transsudation ou la
filature, quoiqu'existante, pouvait bien avoir
une toute autre cause, je voulus en acquérir une
preuve formelle, et me mettant, pour ainsi dire,
à l'affût du gallinsecte renversé, je présidai à
son accouchement. Alors, au fur et mesure
qu'un œuf ou vessie sortait de l'anus (*Pl. I*,
fig. 3, *g*), je l'enlevai promptement avec une
pointe, sans lui laisser le temps de prendre
aucune direction pour le transporter ailleurs.
Mais afin que mon opération fût plus concluante,
je la fis durer aussi long-temps et même davantage que Réaumur, c'est-à-dire, pendant plus
de dix-huit heures, sans voir la moindre apparence de duvet, de transsudation ou de filature.
La seule remarque que j'aie pu faire, c'est que
vers la fin, l'animal paraissait vouloir se refuser
à l'accouchement, ou qu'il le faisait plus len-
tement. J'attribuai cela à la fatigue ; c'est pourquoi, afin de lui donner moyen de se refaire,
autant que pour renforcer mon doute et le con-
vertir en certitude, je remis le gallinsecte sur

son séant , pour le laisser opérer à sa manière ,
par-dessus son nid , comme si je ne l'avais jamais dérangé. Le lendemain matin , c'est-à-dire,
huit heures après , je renversai de nouveau l'a-
nimal et je lui trouvai , comme je m'y attendais,
tout le dessous du ventre tapissé de blanc.

La conséquence de cette expérience n'est pas
bien difficile à tirer , et j'ai tout lieu d'en inférer que ce qu'on avait pris jusqu'alors pour
un duvet cotoneux, n'est rien autre que les
traces réitérées d'une liqueur glaireuse que laisse
plus ou moins abondamment le petit animal
quand il sort tout mouillé du ventre de la mère.
Cela est d'autant plus probable, qu'il y a plus
de cette matière accumulée vers l'anus qu'en tout
autre lieu, à tel point que graduellement l'animal se trouve avoir le postérieur très-relevé ,
comme l'observe Réaumur, tandis que la tête
ne l'est presque pas. Cela me porte à croire que
le nid lui-même n'est rien autre qu'une suite de
grand nombre de couches de cette liqueur accu-
mulées les unes sur les autres , lesquelles sont
posées quand les parts , encore tout petits ,
passent successivement entre les pattes de la
mère , celle-ci alors se frotte , pour ainsi dire ,
aux bords de son corps pour se les nettoyer; c'est
aussi l'endroit où l'on en voit le plus et de couleur plus jaune.

D'après cette opinion , je voulus examiner
attentivement la matière du nid lui-même, et

je lui trouvai alors des propriétés différentes que celles des flocons cotoneux ou de soie tissue. Je la trouvai exactement ressemblante à une matière glaireuse qui ne serait pas totalement desséchée , ainsi que pourrait être le blanc d'œuf durci , ou pour mieux dire encore , semblable à de la gomme élastique , blanche, un peu transparente ; son épaisseur, en général , est d'un sixième ou d'un huitième de millimètre.

Afin de juger à quel point elle est élastique , j'ai fait l'expérience que voici : Après avoir coupé une bande ayant un millimètre et demi de large, et longue de six millimètres et demi, j'en fixai les deux extrémités, par le moyen de la cire d'Espagne , contre les morceaux d'un ruban étroit que je venais de couper bien net , de façon que mes deux fragmens de ruban se trouvaient, par-là, disjoints de cinq millimètres, ou ce qui est la même chose, ma petite bande de nid avait cinq millimètres de long; alors, tirant plus ou moins les rubans , je la voyais s'alonger plus ou moins et revenir sur elle-même, selon la force que j'employai.

Mais, comme ma force était arbitraire, et que je n'avais aucun moyen pour la juger , je fis une espèce de dynamomètre en fabricant un petit godet au bout de l'un de mes fragmens de ruban pour le remplir de plus ou moins de poids; alors je commençai l'expérience , qui fut de fixer contre la tapisserie mon ruban suturé par

la bande, le godet en bas servant de bassin,
de balance, où je mis de la grenaille de plomb,
jusqu'à un milligramme et demi, sans que la
bande de ce nid cassât, s'étant alongée d'environ deux millimètres à la température de 16
degrés de Réaumur. Considérant alors mon petit
appareil comme un hygromètre; je fis chauffer
de l'eau jusqu'à ébullition, dont j'humectai la
bande avec un pinceau. En cet état, je la vis
s'alonger, sans augmentation de poids, d'environ un millimètre; après quoi elle cassa, parce
que j'augmentai inconsidérément le poids que
j'avais voulu porter à deux milligrammes. L'expérience recommencée, par un nouvel instrument en tout semblable à celui-ci, pour l'essayer à sec, il ne put jamais porter plus de deux
milligrammes sans casser. J'observerai que
malgré son élasticité, la bande ne revenait
jamais dans son premier état : elle s'était tant
soit peu alongée.

Dans cette expérience, la particularité d'une
matière sensible à la chaleur et à l'humidité
me prouve qu'elle tient moins au genre du coton
et de la soie qu'à celui d'un produit animal
glaireux ou visco-gélatineux.

Quoique je fusse autorisé à croire que cette
matière, quand elle est liquide, devait être
nécessaire pour injecter le part, afin de faciliter
sa naissance, je ne me bornai pas à son appui
uniquement, pour en induire que notre kermès

n'est pas ovipare , et que par conséquent il ne
dût point opérer aucune incubation pour faire
éclore ses petits ; je n'avais qu'à porter ma réflexion sur l'expérience d'Eméric lui-même, pour
juger combien elle était peu concluante en faveur
de son système d'incubation , puisqu'il rapporte,
page 247 : «Qu'après avoir séparé tous les grains
» et les avoir mis dans une bouteille, en un lieu
» tempéré , il en avait vu sortir des animaux. »
Dernière circonstance qui ne lui fût pas arrivée,
si la mère avait dû nécessairement faire éclore ,
sous elle , ses petits par la chaleur ; à moins de
supposer que , par un cas fortuit , il n'eût aussi
trouvé le vrai procédé des mamals d'Egypte , ou
celui des anciennes Dames de l'Enfant-Jésus
de Paris ; ce qui peut être , mais dont il aurait
dû au moins parler.

La matière du nid , dans son état de fluidité ,
paraissant avoir de l'analogie avec la liqueur
qu'on appelle le *bain* ou *les eaux* dans les
accouchemens ordinaires , j'étais toujours plus
en droit d'en inférer que la supposition des
œufs était dénuée de fondement , puisque dans
aucune ponte on ne voit d'œufs mouillés , tandis
qu'en tous les accouchemens le part vient dans
un liquide. Mais je fis une avération plus concluante encore , que les naturalistes pourront
facilement répéter , c'est que les fœtus , dans le
kermès (*Pl. I* , *fig.* 4 , *h*) , sont aussi gros que
ceux qui sont nés, quoiqu'ils y soient au nombre

extraordinaire de plus de 1500, tous d'une dimension égale, quand l'animal est arrivé au
terme de l'accouchement. Cette observation est
digne de remarque, si l'on veut faire attention
que dans le ventre des ovipares on trouve les œufs
d'une grosseur graduelle, entr'enx, quoique situés
tous ensemble depuis un point imperceptible ,
jusqu'à la dimension qu'ils doivent avoir au
moment de la ponte. Quel phénomène étrange
n'offrirait pas l'exemple d'un animal qui doit
pondre, s'il recelait dans son sein, de leur grandeur totale et intrinsèque, tous les œufs qui
doivent faire l'objet de sa couvée ; tels ou tels
galinacées devraient avoir un ventre démésuré
qui serait dans le cas de diminuer à mesure de
la ponte , comme les vivipares, ce qui ne se
voit pas. Ceux-ci, au contraire, portent leurs
fœtus de la même grosseur ; à quelque nombre qu'ils soient, ils croissent spontanément
tous ensemble. Conçus en même temps , ils
suivent entr'eux la même marche et la même
progression afin d'arriver , pour ainsi dire , au
même quart d'heure. Tout ce que l'on voit de
contraire à cela est regardé comme un phénomène , et si notre gallinsecte fait durer son
accouchement pendant sept ou huit jours, il ne
faut en attribuer la cause qu'au grand nombre
d'individus qui viennent naître en même temps.

J'ai observé , le plus attentivement possible,
les fœtus ; quand ils sont encore dans le corps

de la mère (*Pl. I*, *fig.* 4, *h*), c'est-à-dire avant qu'ils soient descendus sous ce que Réaumur appelle le *tégument*, par-dessous le ventre, ou, selon ma manière de voir, qnand ils sont encore dans le placenta, avant que l'accouchement s'opère ; je les y ai trouvés enveloppés dans un sérum rougeâtre, ce qui leur donne une apparence luisante, produite par ce liquide, dans lequel ils nagent, et qni les retient. Le total de ce liquide ressemble à une substance gélatineuse dans laquelle seraient une foule de grains ; le corps du kermès en est absolument tout rempli (*Pl. I*, *fig.* 1, *c*, 4, *h*), jusqu'au moment où les peaux de son ventre et de son dos se touchent, ainsi que je l'ai déjà dit.

Ayant eu la curiosité de faire sortir un grand nombre de ces fœtus avec un scalpel, pour les soumettre à des expériences, j'ai vu que plusieurs d'entr'eux ont fait la tentative de se dépouiller de leur enveloppe, mais qu'ils ont fini par périr. Etaient-ils de terme, ne l'étaient-ils pas ? c'est ce que j'ignore. Mais, quoi qu'il en soit, je demeure dans la conviction intime que notre kermès, en cette époque, recèle dans son sein, ou cache sous son ventre, une foule d'individus dont les caractères sont bien différens des ovipares. Il est loin de faire aucune incubation, comme l'ont avancé certains auteurs, quand ils ont écrit qu'il *couvait*, expression impropre usitée dans le pays. C'est, ou un *fœtus* qui naît avec son pla-

centa mollasse comme une vessie de forme ovoïde , qu'il ne déchire qu'ensuite (*Pl. I* , *fig.* 6) ,
comme divers animaux le font dans leur accouchement ; ou c'est un vers sans articulation bien
prononcée, lequel se transforme ensuite, comme
je le dirai plus bas.

Quoique ceci fût susceptible d'un plus grand
développement, je ne m'étendrai pas davantage
dans la crainte d'être accusé de puérilité, sachant
bien qu'il ne peut y avoir que des amateurs
passionnés d'histoire naturelle qui mettent du
prix à savoir qu'un insecte est ovipare ou ne l'est
pas. Inutilement voudrait-on persuader à celui
qui n'a pas de goût pour l'observation, qu'il y a
un plaisir indicible attaché à l'étude de la nature ; que les jouissances procurées par elle ,
sont pures, innocentes, salutaires, n'entraînant
à leur suite aucun regret. On veut, de nos jours,
un plaisir plus piquant , et rien ne plaît que ce
qui flatte les sens, ou donne les moyens de lucre.
Cependant pourrait-on connaître la soie, sans
connaître en même temps l'éducation du ver
admirable qui la file ? Je suis dans cette catégorie en écrivant sur un insecte non moins précieux; et si je dois donner les moyens de sa propagation, ce n'est que par suite des détails
indispensables, quoique minutieux, dans lesquels il faut nécessairement entrer pour savoir le
vrai point d'aborder l'animal , de le soigner et
de le transporter d'un lieu à un autre , sans

compter que pour la qualité de la substance tinctoriale, il est bien essentiel de connaître le moment de la cueillir, ce qui demanderait, de ma part, une analyse sévère de l'insecte dans toutes les circonstances; mais comme cette considération me porterait, malgré moi, vers la prolixité, en rapportant diverses expériences ou observations que j'ai faites, je les mentionnerai autre part d'une manière succinte, et je terminerai ici l'examen du second état du kermès.

TROISIÈME ÉTAT DU GALLINSECTE.

Ayant à continuer la description de notre insecte, je ne crois pouvoir mieux faire que d'insérer une lettre qui m'a été écrite par M. Bourret, au sujet de quelques observations que nous avons faites ensemble, et que sans doute il présentera mieux que moi ; en voici la teneur, elle est relative en partie au troisième état du kermès :

Paris, 21 avril 1811.

 « Je vous sais bon gré, mon cher compatriote,
» d'avoir dirigé mes observations microsco-
» piques sur le *kermès* qu'on vous a envoyé
» d'Arles, avec les branches de l'arbuste qui le
» porte, et de m'avoir, par-là, procuré l'occa-
» sion de m'assurer que ce gallinsecte, que vous

» avez reconnu le premier pour être *vivipare*,
» doit être rangé désormais dans la classe des
» *progallinsectes.*

» Depuis que je vous ai vu, j'ai répété plu-
» sieurs fois et de plusieurs manières, les expé-
» riences et les observations que nous avons faites
» ensemble, la semaine passée. Le résultat en a
» toujours été le même, je veux dire que l'insecte
» tiré du corps de la mère, et tout enveloppé
» de son *placenta* (*Pl. I, fig.* 5 *et* 6), espèce
» de fourreau muquo-gomneux, qui n'a aucun
» rapport avec la coque des œufs, n'a pas tardé
» d'en sortir et de paraître au jour en perçant
» son enveloppe au bout de sa tête, et la faisant
» ensuite glisser peu à peu par un mouvement
» vermiculaire jusqu'à l'extrémité du dernier
» anneau de son corps. (*Pl. I, fig.* 6).

» Pendant ce travail, qui dure plus d'une
» heure, l'insecte ne bouge pas de place, dans
» quelque position qu'il se trouve ; ses antennes
» et ensuite ses pieds, placés longitudinalement
» au-dessous de son corps, se détachent l'un
» après l'autre (*Pl. I, fig.* 6 , *m*), l'insecte les
» alonge, les remue en tous sens et parvient
» enfin à en faire usage pour marcher et se dé-
» barrasser entièrement de son fourreau, lequel,
» retenu par les aspérités du sol, reste bientôt
» en arrière, détaché du corps (*Pl. I, fig.* 6, *n*).

» Si dans cette circonstance on place l'insecte
» sur un corps bien poli et exempt de toutes

» aspérités, on voit l'insecte, en marchant,
» entraîner avec lui son fourreau retenu à l'ex-
» trémité postérieure de son corps par les deux
» tares fourchues qui le terminent (*Pl. I, fig.* 8);
» il fait alors de vains efforts pour s'en débar-
» rasser et ne tarde pas à mourir de lassitude et
» de fatigue.

» Le temps chaud qui règne depuis plusieurs
» semaines et la température de 18 à 19 degrés
» (thermomètre de Réaumur), de la chambre
» où nous avons fait ces observations, a puis-
» samment concouru à la naissance et au deve-
» loppement prématuré de ces précieux insectes,
» qui, dans leur état naturel, ne se développent
» dans nos provinces méridionales, que sur la
» fin du mois de mai ou le courant de juin, sui-
» vant la température de l'atmosphère.

» Néanmoins je n'ai observé aucun dévelop-
» pement sur un grand nombre de ces petits
» corps ainsi emmaillotés; ce qu'il faut sans doute
» attribuer à la saison qui n'est pas encore
» assez avancée. Peut-être aussi, et ceci est
» très-probable, une grande partie de ces petits
» insectes ne se développe jamais entièrement ;
» en effet, si l'on considère leur petitesse et leur
» nombre accumulés dans le corps de la mère
» qui, ayant à peine trois lignes de diamètre,
» en renferme plus de 1500, on ne peut présu-
» mer qu'ils soient tous destinés à venir à terme,
» ou à conserver long-temps leur existence.

» Autant la nature est prodigue de moyen de
» multiplication pour telle ou telle espèce
» d'êtres, autant elle est prodigue de moyen
» de destruction de ces mêmes espèces; c'est
» ainsi qu'elle maintient, dans une admirable
» balance, l'existence de toutes, en empêchant
» que l'une se multiplie trop au préjudice des
» autres.

» Au reste, comme vous, je ne sais s'il
» faut attribuer au défaut de bons instrumens
» d'optique, ou à la confiance que M. Réaumur
» a pu avoir, dans les observations faites avant
» lui, que cet homme célèbre a publié que
» notre kermès était ovipare. Il savait néan-
» moins, et il l'avait fort bien vu lui-même,
» que la cochenille de l'Inde était vivipare. Or,
» les rapports, même ceux extérieurs qui exis-
» tent entre la cochenille et notre kermès,
» auraient dû, ce me semble, le porter à soup-
» çonner qu'il pourrait bien être de la même
» espèce, et à diriger ses observations dans
» ce sens.

» Quoi qu'il en soit, on ne peut se refuser à
» l'évidence; car toute personne qui voudra
» attentivement observer notre kermès et le
» voir comme nous l'avons vu, verra indubi-
» tablement ce que nous avons vu. Ainsi donc,
» mon cher compatriote, l'entomologie vous
» devra, à l'avenir, d'avoir prouvé le premier

» que ce précieux insecte , étant vivipare , doit
» être mis dans la classe des progallinsectes. »

Je suis , etc.,

Signé BOURRET.

La nature semble avoir mis plus de recherche
dans la formation des insectes , quoique petits ,
qu'elle n'en a employé à l'égard des plus grands
animaux; ceux-ci naissent tout formés par une
seule et même organisation , à quelque genre
qu'ils appartiennent ; tandis que de petits insectes , faits pour échapper à nos regards ,
passent communément ou très souvent par trois
états différens et bien distincts , qui en font ,
pour ainsi dire , trois animaux dans un seul ;
tour à tour larve , nymphe , papillon , ils ne
parviennent aux fins prescrites qu'à travers une
suite de métamorphoses ou de dépouillemens de
peau : cela arrive en partie à notre kermès ,
comme je m'attache à le prouver.
- Les dépouilles qu'il laisse sous le gallinsecte
sont les derniers vestiges de son second état, on
voit un ramas comme de petits fourreaux transparens légers et soyeux (*Pl. I* , *fig.* 6 , *n*), que
je ne fais qu'indiquer ici pour ne pas anticiper
sur la narration.
Immédiatement après leur naissance, les petits cocons sont blancs , renflés , un peu luisans

(*Pl. I*, *fig.* 5); plus tard ils deviennent rougeâtres, ridés, ainsi que l'ont observé la Hire
et Sedilleau ; j'en ai trouvé beaucoup qui étaient
ridés en long.

Lorsque les petits ont tous passé sous le ventre
de la mère, si l'on soulève cette coque qui les couvre, on aperçoit au milieu d'eux un mouvement
général qui vient des efforts que certains font
pour passer d'un état à un autre. Les uns tra-
vaillent à se débarrasser de ce fourreau qui les
enveloppe, ainsi qu'il a été dit ci-dessus; d'autres, moins avancés, sont encore dans leur
cocon sous forme de nymphe, couleur châtain-
roux, portant déjà les caractères qui doivent la
distinguer par la suite.

On leur aperçoit (*Pl. I*, *fig.* 7), huit anneaux, six jambes, deux yeux, très-apparens,
semblables à un gros point noir, saillant, et
par-dessus le dos, la figure d'un stigmate de
couleur un peu plus foncée. Vue au microscope,
cette nymphe paraît diaphane ou transparente
comme seraient les radicules de très - petites
raves encore tendres et d'une substance pul-
peuse.

Réaumur avait déjà fort bien remarqué,
page 42, « Que la nature paraît avoir tout dis-
» posé de manière que la peau que l'insecte a
» quittée quand il est devenu nymphe (*Pl. I*,
» *fig.* 7), qui lui a servi d'enveloppe lorsqu'il
» était en cet état, pût se plier aisément près

» du bout postérieur et se fendre là sur les
» côtés (*Pl. I*, *fig.* 6), lorsque l'insecte serait
» devenu mouche. »

Quand la transformation est complètement
opérée , les petits prennent plus de consistance ,
toutes leurs parties se raffermissent; mais soit
que, trop sensibles aux impressions de l'air , ils
ne puissent pas s'y présenter encore, soit que
comme la nymphe du ver à soie , ils aient
besoin de travailler mystérieusement pendant
certain temps , la mère, qui se dessèche , leur
fait un abri de son corps , d'où ils ne sortent
que 12 ou tout au plus 15 jours après , et c'est
ordinairement vers la fin du mois de mai qu'on
voit cette fourmilière d'insectes abandonner le
toit maternel et chercher une nouvelle carrière.

Parmi eux il y a des individus de deux espèces : les uns, et c'est le plus grand nombre ,
(*Pl. I*, *fig.* 8), sont destinés à marcher ; ils ont
les formes lourdes ; leur couleur est rouge , leur
figure est ovale, plus ronde vers la tête que vers
le derrière ; leur dos est convexe , parsemé de
petits points jaunes dorés. Les raies en travers
qu'ils semblent avoir, ne sont autre chose que
les anneaux dont leur corps est formé. Ils ont
six jambes assez longues , divisées par trois articulations , non compris le tarse. Le devant de
leur tête est garni de deux antennes très-mo-
biles, d'une longueur extraordinaire , au milieu
desquelles est une trompe avec une sorte de

bouche fendue en long. A l'extrémité opposée
du corps, c'est-à-dire, au derrière, vers l'abdomen, ils ont deux queues droites, blanches,
qui vont s'écartant l'une de l'autre et finissent en
pointe, dont je ne puis assigner la fonction
avec certitude, mais que je soupçonne être
destinées à aider, supporter les mâles dans la copulation; car vraisemblablement l'animal que
je décris ici est la femelle, qui se trouve plus
petite, plus sédentaire et faite pour pondre des
œufs. Les autres (*Pl. I, fig.* 9), c'est-à-dire, ceux
que tous les naturalistes ont considérés comme
étant les mâles, sortent en moindre nombre de
dessous le corps du kermès; ce sont de vérita-
bles mouches qui, ayant une organisation et
une forme toute différente, semblent, par-là,
nous faire remarquer la destination masculine
qui leur est prescrite.

Afin de donner du poids à mon assertion sur
la différence des deux sexes, je ne puis mieux
faire que de citer ce que dit le savant M. Olivier de l'Institut (Encyclop. Méthod., t. VII,
p. 429). « Si les mâles étaient plus aisés à ren-
» contrer, on pourrait trouver plus de différences
» spécifiques que dans les femelles, qui toutes
» se ressemblent beaucoup. Ce qui doit empê-
» cher surtout de confondre nos mâles des ker-
» mès avec la plupart des autres diptères, et les
» ranger dans une place particulière, c'est
» qu'on a beau se servir des plus fortes loupes,

» on ne peut apercevoir au-dessous de la tête
» rien qui puisse être comparé à une trompe ,
» ou qui puisse être comparé à des mâchoires :
» on ne voit autre chose , au lieu de la trompe
» et des mâchoires , que deux grains ou mame-
» lons hémisphériques, noirs et luisans, et qui
» sont assez semblables à des yeux. Peut-être
» l'insecte prend-il sa nourriture par le moyen
» de ces mamelons ; peut-être aussi n'a-t-il pas
» besoin de bouche ni de trompe : semblable à
» plusieurs autres insectes qui , lorsqu'ils sont
» devenus parfaits , n'ont besoin de prendre
» aucune nourriture , et ne doivent vivre sous
» leur dernière forme que le temps nécessaire
» pour féconder leurs femelles. Cette féconda-
» tion paraît être le principal but de la nature
» dans ses ouvrages ; elle prend toutes les voies
» propres à la faciliter. C'est pour cette raison
» qu'elle semble avoir accordé des ailes aux
» mâles, etc. ». Avec cette manière d'observer et
de s'exprimer , on est vraiment digne d'inter-
préter la nature. Notre insecte mérite sans doute
d'être analysé par un jugement aussi sain et
d'être de nouveau observé par des yeux autant
perspicaces.

Ces insectes , différens des autres membres
de leur famille , sont d'un rouge foncé ou noirâtre ; ils ont des ailes afin de pouvoir mieux
parcourir les distances ; ils sont légers et peu
stationnaires, pour pouvoir suffire au grand

nombre de femelles qu'ils ont à féconder. Ils sont doués d'une queue ou aiguillon , organe caractéristique de leur sexe ; cet aiguillon peut se replier en dessous du corps et même se partager en deux mouvemens. Dans les premiers instans qu'ils sortent de leur enveloppe, leurs ailes sont tellement plissées et tellement mollasses, qu'on les prendrait pour une pellicule froncée, informe. Il faut que le temps ou l'air atmosphérique les dessèche et leur donne ce lustre brillant, cette transparence cristalline qui les rendrait plus belles que la glace, puisqu'elles sont légères et irissées, si quelques taches brunâtres , moins diaphanes, n'y faisaient des sortes de marbrure sur lesquelles sont un duvet ou petites plumes imperceptibles , terminées par une bordure blanche. Ces ailes parallèles au plan de position (*Pl. I, fig.* 9) , sont couchées sur l'abdomen , et la gauche couvre toute la droite. Elles servent moins à l'usage de voler qu'à celui de sauter : mouvement que l'animal exécute avec agilité à la manière des puces ; c'est pourquoi, de ses six jambes, les deux dernières sont et plus fortes et plus longues ; elles sont noires, terminées au bout de trois articulations par trois griffes ou crochets bien pointus. Outre les yeux situés par côté de la tête , ils ont encore deux antennes flexibles faites comme une longue suite de gobelets , enfilés l'un dans l'autre. Le bout de leur corps , vers la queue , se termine d'une manière pointue.

Sur le même arbuste, on voit quelquefois
une autre espèce de kermès de couleur blanche,
en tout semblable à l'autre ; mais comme il y a
deux sortes de kermès, il y a aussi de deux
sortes de mouches qui ne diffèrent entr'elles que
par la couleur. Celles qui nous intéressent, ce
sont les rouges presque noires : les autres sont
blanchâtres ou considérées comme telles en les
comparant aux premières; elles sont aussi un peu
plus petites. Je ne parlerai pas de la croyance
où l'on était que la mouche provenait d'un ver
mangeur du kermès, ni des trous qu'on aperçoit
quelquefois sur le dos de celui-ci (*Pl. I, fig.* 1, *b*);
circonstance qui l'avait fait regarder pendant
long-temps comme une galle. Cela a été réfuté
trop victorieusement par l'illustre Réaumur,
pour que j'ajoute rien à ce qu'il a dit.

On a écrit diversement sur les moyens de
fécondation employés par le kermès. Cestoni
l'avait cru hermaphrodite. Marsilly le plaçant
au rang des galles, pensait qu'un insecte dé-
posait ses œufs dans des entailles faites au petit
chêne, et qu'au printemps la sève en s'extra-
vasant, formait la coque qui enveloppait cette
fourmilière d'individus. Nissole, en niant que
le kermès « prenne jamais des ailes », finit par
avouer que les moucherons sortent de la coque
(*Pl. I, fig.* 1, *b*); mais il les attribue à des vers
provenant de quelque liqueur grossière qui se
mêle avec la sève.

Toutes ces opinions , dont les unes sont ab-
surdes et les autres au moins systématiques ,
prouvent qu'on était loin de la vérité. Réaumur
a mieux observé, et n'a pas hésité de reconnaître la mouche comme étant le mâle du kermès.
Il a cru voir aussi les mouvemens occasionnés
par l'accouplement de celle-ci avec le gallinsecte mère immobile. Quoique partageant son
opinion à l'égard des mouches qui sont les
mâles , et des petites gallinsectes qui sont les
femelles , j'ai de la peine à concevoir comment l'insecte mouche , qui ne sort de l'état de
nymphe et de dessous le ventre de la mère
qu'au commencement de juin, pourrait s'accoupler avec le gallinsecte immobile, deux mois
auparavant que d'être né , c'est-à-dire, dès le
commencement d'avril , époque où il n'était
encore que nymphe ou fœtus.

Il est à propos de remarquer que Réaumur
dit , page 3 : « Qu'on n'en voit point sortir
(des mouches), en été, du corps des gallinsectes qui ont fait leurs œufs. » D'ailleurs , pour
que la copulation fût efficace et féconde, elle
devrait avoir lieu avant que le gallinsecte se
soit accouché d'aucun individu. Je sais qu'on
peut supposer que les mouches sont de l'année
précédente , ce qui leverait cette difficulté ; mais
il resterait toujours la monstruosité d'une mouche fécondant une larve de l'année d'auparavant et gallinsecte. Est-il besoin de recourir à

des suppositions, lorsqu'on a sous les yeux
deux individus portant des caractères d'un sexe
différent en sortant des mêmes nymphes, ayant
les mêmes habitudes, le même âge? C'est comme
si l'on disait que le papillon pût s'accoupler au
ver-à-soie, lorsque ce dernier ne lui a pas encore
donné naissance, par la transformation ulté-
rieure qu'il doit éprouver ; ou comme serait un
enfant en bas âge, qui, bien que devant être
un jour homme, et n'ayant point fait ses mues
de formes, de son de voix, de barbe, voudrait,
sans les qualités viriles, procréer son semblable.

Mais quel est donc le moyen de propagation
du kermès? Il ne suffit pas de savoir qu'il y a
1500 ou 2000 individus contenus sous le gallinsecte. (*Pl. I, fig.* 1, *b*). Cela démontre la fécondité,
mais n'indique pas le moyen, car les individus
de cette année ne sont pas ceux des années suivantes. Cependant n'ont-ils pas été produits
pour perpétuer leur espèce ?

Comment pourrait-on concilier que le même
animal que l'on voit presque imperceptible au
sortir de la coque par-dessous le corps du gallinsecte, quoique fécondé, vers la fin de mai,
et qui grandit (de l'aveu de Réaumur) chaque
jour pendant l'été, jusqu'à l'automne, terme
de tout son accroissement ou de la durée de sa
vie, pût de nouveau se trouver au mois de mars
de l'année suivante, d'une petitesse infinie, re-
paraissant contre l'arbre comme un point rouge ?

Il faut donc que l'animal se rapetisse pour se faire voir sous cet aspect nouveau, après avoir été vu infiniment plus gros dans l'automne qui a précédé.

Il faudrait, pour étayer ce système, recourir à de nombreuses suppositions, comme l'ont fait tous ceux qui en ont écrit, ou se condamner au silence sur ce point, et mettre par-là une interruption dans l'histoire naturelle de cet insecte. Cependant, ne fût-ce que par simple curiosité, on éprouve un besoin de connaître sa filiation d'une manière non interrompue, soit par des preuves bien acquises, soit par des vraisemblances qui ne blessent ni le bon sens, ni la raison.

Je compléterai l'exposé de mon opinion, à cet égard, par un narré succinct de quelques actions de l'insecte devenu mouche, que nous reconnaissons pour être le mâle, ainsi qu'il a été dit. Mais je chercherai néanmoins à rester dans les bornes prescrites par la pudeur, éloignant tout détail physique dont elle pourrait s'alarmer. Pour cela, je remonterai à l'époque où nous avons laissé la nymphe (*Planche I, fig.* 7) sous le corps du gallinsecte. Si nous la suivons quand elle sort de son cocon sous un nouvel aspect (*Planche I, fig.* 8 *et* 9), nous lui verrons prendre un caractère vif et radieux, lorsque de nouvelles jouissances l'attendent. Auparavant, elle n'était ni mâle ni femelle, maintenant elle va connaître un autre monde, une autre existence par le plus puissant mobile !

Si le kermès stationnaire et la nymphe léthar-gique ne connurent point l'usage d'une organi-tion sexuelle, on peut dire que l'animal, devenu mouche, paraît abuser d'un plaisir que tout en lui sollicite ! et cette faculté résoudrait seule la question du moyen que la prévoyante nature emploie pour la fécondation, moyen qui a laissé Réaumur lui-même, pendant long-temps, dans un doute pénible.

Il semblait pourtant naturel de ne regarder les insectes, en général, comme pubères, que lorsqu'ils sont parvenus à ce dernier terme qui complette leur existence; tout ce qui a précédé n'en ayant été que l'âge tendre ou l'adolescence. Or, cette condition ne pouvait se trouver pour le kermès que lorsque toutes ses transformations sont complettement opérées ; et s'il ne reste qu'environ 12 jours sous son cocon, en état de nymphe, c'est sans doute eu égard à sa petitesse comparée à celle du ver à soie, lequel met ordi-nairement 20 jours et plus pour en sortir. Du reste, il n'est pas moins certain que le kermès-mouche féconde le kermès plaque, (expression nécessaire pour se faire entendre). (*Planche I*, *fig.* 8 *et* 9). Ce dernier ne peut pas être fécondé impunément; les œufs qu'il dépose contre l'ar-bre, mieux observés, seront regardés comme le moyen de sa reproduction. Le temps est ar-

rivé pour lui de mériter toute l'attention des
naturalistes, et ces observations ne seront point
oiseuses : elles seront applicables à un but de la
plus grande utilité.

Le nombre des mouches est petit en compa-
raison de celui des gallinsectes plaques; mais cela
n'est pas étonnant, si l'on considère qu'un mâle
peut féconder, d'un seul acte, plus de vingt
œufs.

Puisqu'il est formellement avéré que les ker-
mès-mouches ont un caractère masculin, par
l'aiguillon qui se recouvre sous eux (*Planche I*,
fig.9, s), et que, d'un autre côté, les gallinsectes
sans ailes ont à leur partie postérieure une ouverture sexuelle (*Planche I, fig.* 8, *r*), pourquoi
ne pas admettre que, pendant la durée de l'été,
les uns et les autres peuvent s'accoupler, et que
cette femelle fasse des œufs, les dépose contre
l'arbre pour les y faire tenir par un gluten,
ainsi qu'en agit le papillon du ver à soie, afin
que ces œufs éclosent au printemps d'après ?
Dans le pays d'où le ver à soie est originaire,
il doit nécessairement choisir le mûrier ; en
Provence, notre kermès doit choisir le chêne;
on n'a pas même besoin de recourir à l'induction de Réaumur, quand il dit, page 31, que
ces mouches, écrasées sur ses manchettes, les
teignirent en rouge plus beau que celui du gallinsecte. Ce qu'il y a de certain, c'est qu'on voit
cette mouche (*Planche I*, *fig.* 9) être continuel-

lement dessus ou parmi les kermès de l'été
(*Planche I*, *fig.* 8) , qui ne prennent plus la
forme sphérique dans cette saison , observation
digne de remarque ; car un des caractères particuliers du kermès est de ne fournir qu'une génération par an , excepté dans les cas très-rares
de ce qu'on appelle une seconde récolte, ce qui
n'est autre chose que la reproduction de quelques avortons gallinsectes que l'on voit en certaines années vers la fin de l'été ou en automne,
à la température équivalente à celle du mois de
mars. Elle ne réussit presque jamais. Les insectes semblent même le pressentir ; ils ont la
précaution de ne se placer alors que sur les
feuilles du chêne , lesquelles sont plus tendres
que l'arbre ; aussi le kermès ne parvient-il pas
à une si grande ampleur que dans le printemps,
ni la qualité pour la teinture n'est pas aussi bonne.
Les œufs dont je veux parler ressemblent à des
chiures de mouches ; ils sont fixés contre l'arbuste, pour y passer l'hiver, tels que des points
grisâtres , attendant la saison convenable pour
éclore.

Je n'ai point été à même de faire les expériences nécessaires pour accompagner ceci de
toutes les preuves convenables , afin de porter la
conviction dans les esprits ; mais il me semble
qu'en me bornant à ce que j'avance , je rends
suffisamment compte des moyens de reproduction. La seule objection que l'on pourrait me

faire, c'est qu'ayant considéré le kermès comme vivipare , quand il donne naissance à des petits sous son ventre , je semble le changer de nature en disant qu'après avoir pris un nouvel état , quand il n'est plus immobile, il dépose des œufs contre un arbre. Mais si l'analogie est d'un poids tel que l'imagination, toujours timide, ne puisse sans rien craindre devoir jamais s'en écarter , lors même qu'elle voudrait agrandir le domaine des connaissances ; ne pourrait-on pas l'appeler ici à l'appui, par la démonstration que le savant M. Bonnet , de Genève, a faite dans son Insectéologie, part. I , au sujet du puceron, qui est vivipare en été et ovipare en automne? Si les oiseaux font des œufs, les quadrupèdes des petits, quelques poissons, ainsi que divers insectes, participent des uns et des autres , et certains sont les deux en même temps. D'ailleurs nous ne pouvons pas considérer notre kermès autrement que comme étant un seul et même individu, quoique prenant différentes formes , dont l'une est pour ainsi dire, l'enfance suivie de l'âge adulte, qui se termine par la vieillesse. Ce n'est ici qu'un changement successif. Dans le système d'Emeric et de ceux qui l'ont suivi , quel serait donc le moment où cet insecte reproduit son semblable? Tous ceux qui ont parlé du kermès n'ont rien donné de plus satisfaisant , et ont de plus laissé une lacune sur sa reproduction.

Comme, dans l'état de simple nature , le ker-

miès se trouve exposé à toutes les intempéries
des saisons ; qu'il est en butte aux rigueurs du
froid, de la pluie, des orages , sans compter
que , vraisemblablement, il est destiné à être
la proie de quelqu'autre animal; il ne doit
échapper , de tous les individus pondus ou produits par la mère, que le nombre relatif à la conservation de l'espèce ; mais si l'homme veut
outre-passer ces bornes, s'il veut le multiplier
dans la proportion des besoins du luxe , il doit
nécessairement recourir à l'industrie pour faire
artificiellement ce que la nature n'a pas fait ;
aussi la récolte du kermès est-elle éventuelle ;
souvent elle est nulle , selon la rigueur des
hivers.

Je n'ai insisté précédemment sur la question
de le reconnaître comme vivipare , en l'état de
gallinsecte fixe, que pour arriver plus sûrement
à ce but ; considérant, avec juste raison, cette
circonstance comme étant le point essentiel pour
obtenir la propagation à volonté ; parce que
toutes les fins de la reproduction n'ayant point
été accomplies sous le corps du gallinsecte pour
les générations qui doivent suivre ; si nous ad-
mettons la fécondation de la mouche-kermès
avec la femelle de sa génération, sortie en même
temps qu'elle de dessous le gallinsecte , et que
nous donnions une conséquence nécessaire à
cette action , nous pourrons profiter de la res-
source qu'il peut y avoir de transporter les œufs

pour les faire éclore en temps opportun ; nous pourrons le maîtriser à notre gré.

On doit chercher aussi le moyen de se rendre maître de l'insecte ailé lui-même , comme étant non moins essentiel. Alors , sans entreprendre un voyage lointain et pénible comme celui que fit faire l'empereur Justinien lorsqu'il envoya chercher les œufs du ver à soie en Chine , nous parviendrons à régulariser un insecte non moins précieux.

La meilleure éducation du kermès nous est donc indiquée par les circonstances de sa vie. L'induction , et surtout l'expérience , doivent nous conduire efficacement. On peut dire que l'industrie n'a presque rien à faire pour élever cet insecte ; elle n'a qu'à faciliter sa naissance , se reposant sur les soins que peut en prendre la nature ; et si l'homme a quelques précautions à garder à cet égard , ce ne doit être que par rapport aux effets qu'on peut en retirer dans l'année subséquente , soit en conservant, le mieux possible, les œufs par des espèces de *porte-graine* , si l'on peut s'exprimer ainsi , soit par quelques soins à donner à l'arbuste , afin que celui-ci fournisse le plus d'aliment possible , sans néanmoins se détruire.

Je n'ai pas besoin de dire qu'on est dispensé d'avoir des abris, des bâtimens coûteux ; qu'il ne faut point transporter péniblement les alimens chaque jour , ainsi qu'on est obligé de le

faire pour les vers à soie. C'est sur place même ,
c'est dans le vaste laboratoire des champs que
doit s'opérer cette précieuse industrie, sans aucun frais , sans aucune surveillance. Ceci ne
doit être entendu néanmoins que relativement à
l'élève, à l'accroissement ou à la récolte du gallinsecte, et nullement pour ce qui est relatif aux
soins de sa reproduction ; car il faut nécessairement , à cet égard, user de précautions, afin de
le mettre à l'abri de la destruction , ainsi qu'on
en use pour toutes les semences ou tous les œufs
que l'on veut propager à volonté.

En partant de ce principe, la première chose
qu'il faille considérer , ce doit être la conservation de la graine pour l'année suivante ; c'est
pourquoi je vais en parler à présent, sauf à reprendre plus tard ce qui est relatif à la récolte
du gallinsecte , que l'on peut livrer au commerce.

L'expérience nous apprend que lorsqu'on
tarde trop de cueillir le kermès , ce qui se rapporte en général à la fin de mai, ou au plus tard
vers les premiers jours de juin, tous les petits qui
ont alors subi leur transformation , chacun ,
selon la nature de gallinsecte plaque (*Planche I,*
fig. 8) ou de gallinsecte mouche (*Pl. I, fig.* 9),
sortent de dessous le corps de la mère par une
ouverture qui se trouve vers l'anus. On ne trouve
plus sous la coque que les dépouilles presque
soyeuses de leur fourreau, ainsi que quelques

petits débris rougeâtres qui sont vraisemblablement les restes de ceux déjà morts. La coque elle-même, depuis quelque temps desséchée, n'est plus qu'une matière ferme, écailleuse, devenue friable, qui pourrait néanmoins rester toute entière pendant de longues années, si elle était à l'abri. (*Pl. I*, *fig.* 1).

D'autre part, l'expérience nous fait voir encore que si on veut le cueillir trop tôt, c'est-à-dire vers le milieu et même jusqu'à la fin d'avril, non seulement on ne lui trouve pas toutes les qualités requises pour la teinture, mais on le dérange en l'empêchant de croître et de continuer ses fonctions ; ce qui se trouve garanti par la remarque de Réaumur, au sujet du gallinsecte du pêcher. Il dit, page 25 : « Quand j'ai » transporté chez moi (dans le mois de mars) » des branches qui en étaient chargées, les in- » sectes ont péri dessus, sans faire un pas en » avant ou en arrière. » La même chose m'est arrivée ; je l'ai essayée tantôt d'une manière, tantôt d'une autre, et j'ai vu que si l'on transporte trop tôt le kermès et la branche, quoiqu'à l'époque où il a commencé de faire ses petits, l'animal périt, et tous les cocons se rident, se dessèchent ; on ne trouve bientôt à leur place qu'une matière légère blanchâtre, une espèce d'étui transparent. Tous les petits déjà nés qui sont contenus sous le ventre de l'animal, sont morts avant d'avoir subi leur transformation.

Cependant j'ai fait une remarque essentielle, savoir : que plus la branche est longue, plus long-temps l'animal reste en vie ; ce que l'on doit attribuer vraisemblablement à une plus grande quantité de nourriture qu'elle contient.

Une autre expérience mentionnée par Emeric, page 247, et que j'ai répétée, m'a appris que quand l'animal est mûr (pour parler comme cet auteur), ce qui arrive vers le milieu de mai jusques à la fin du même mois, si l'on cueille la coque sans l'endommager, et qu'on la renferme dans une bouteille, les petits ne laissent pas que de naître et de sortir du corps du gallinsecte.

C'est donc ce point milieu qu'il faut choisir, en s'approchant néanmoins plutôt de la fin que du commencement. Mais il ne suffit pas de voir naître les petits, il faut encore les rendre propres à perpétuer leur espèce ; circonstance bien essentielle, qu'il est important de faire exécuter.

Il paraît que les insectes qui se reproduisent par le moyen des œufs, principalement ceux qui subissent des métamorphoses, ne connaissent jamais leur mère ; ils n'éprouvent aucun tendre soin de famille, sans compter les cas très-nombreux où ils sont cruels et zoophages ; ils n'ont de sollicitude pour leur semblable que par l'attrait du plaisir. Cela doit nous porter à favoriser cet attrait, qui est pour nous le gage d'une reproduction assurée. Mais nous devons, à cet effet, conserver au kermès les circonstances locales qui sont inhérentes à sa manière de vivre, à celles de son besoin d'aimer, au soin qu'il peut avoir de se reproduire; c'est pourquoi il faut, autant que possible, le laisser sur le théâtre de ses habitudes, aux mêmes lieux qui lui servirent de berceau et de cercueil. Il faut le transporter localement, c'est-à-dire sur la branche même qui l'a vu naître, puisque trop petit on ne peut pas en ramasser les œufs comme on le fait de ceux du ver à soie.

Cette raison doit nous porter à soigner ces œufs précieux, jusqu'à présent trop négligés, que laisse à nu le kermès contre l'arbre. Nous devons les préserver des dangers auxquels ils se trouvent exposés à l'air libre, quoiqu'attachés avec la glu dont presque tous les insectes font usage pour fixer ou garantir leur progéniture. Il faut de même chercher à s'en rendre maître pour les transporter à volonté.

Il convient encore de choisir les gallinsectes les plus gros, ceux qui sont de la plus belle venue, dans l'espérance de perpétuer une belle espèce plutôt que celles qui le seraient moins.

D'après toutes ces considérations et plusieurs autres que je ne mentionnerai pas, on voit qu'il convient de mettre l'insecte à l'abri, pendant une partie de l'année, pour en obtenir les œufs bien conservés. En cela nous ne ferons qu'imiter

la pratique usitée en Amérique, pour la coche-
mille mestèque. Voici comme elle est rapportée
par M. Detigny, dans l'Histoire naturelle des
insectes, faisant suite à celle de M. de Buffon,
tome IV, page 220 : « Les Indiens coupent des
» feuilles de nopal, sur lesquelles sont les pe-
» tites cochenilles, les portent dans leurs habi-
» tations; ces feuilles fournissent une nourriture
» suffisante aux cochenilles, qui grossissent
» pendant que dure cette saison (celle des pluies);
» elles sont en état de faire leurs petits quand elle
» est passée, etc. »

Par cette citation, on doit voir que je suis peu
jaloux de m'attribuer une chose que j'aurais pu
donner pour une invention vis-à-vis de bien des
gens, si j'eusse laissé ignorer, comme le font tant
de compilateurs, les sources dans lesquelles ils
puisent. Mon but est d'être utile plutôt que de
me distinguer aux dépens d'autrui. Proposant
des procédés qui intéressent essentiellement une
nouvelle et riche branche d'industrie, je ne crois
pouvoir mieux faire que de les étayer des auto-
rités les plus respectables ; cela et une expérience formelle, quoique triviale, sont les seuls
moyens faits pour inspirer la confiance en agriculture. Je n'y ajouterai que les procédés d'exé-
cution et quelques remarques qui me sont par-
ticulières.

Douze ou quinze jours avant le complet des-
séchement du kermès, c'est-à-dire deux mois et

demi après la naissance des premiers bourgeons qui auront été aperçus sur les arbres du canton, à l'exception du précoce amandier, on coupera, sans secousse, avec précaution, des plus longues branches du chêne sur lesquelles se seraient établis des kermès. On ferait mieux encore de couper l'arbuste par le pied.

Ces branches, garnies de leurs feuilles et du gallinsecte, seront posées à plat sur l'aire d'une grange. On fera deux rangées épaisses et fourrées, comme si c'étaient des fagots, à côté les uns des autres, tournant leur gros bout en dedans, et la partie des feuilles tournée en dehors, pour être opposée des uns aux autres. Vers le milieu et sur chacune de ces rangées, il sera placé, en long, une planche bien étroite ou demi-planche posée de champ, et retenue avec des pieux ou avec des pierres, afin qu'elle ne tombe pas à plat. Ainsi, les deux planches étant parallèles l'une à l'autre, formeront entre elles une espèce de caisse longue sans fond, sous laquelle chaque queue de la branche aura dû passer ou entrer jusqu'à ses rameaux.

Après cela, on remplira cette caisse avec de l'argile délayée ou de la fange molasse, en lui faisant occuper tous les vides et entourer bien exactement le gros bout des branches.

Le but de cette opération est de maintenir, le plus long-temps possible, la fraîcheur de la branche, comme si on la mettait tremper dans l'eau , pour la rapprocher , le plus possible , de son état naturel lorsqu'elle est sur pied , afin que l'insecte , trouvant encore des signes de vitalité à l'arbuste , puisse y continuer ses fonctions dessus autant que faire se pourra , et pour que les feuilles chutent plus tard.

Les menus brins des branches , c'est-à-dire le côté où sont fixés les kermès, bordant extérieurement cette espèce de caisse , seront traités d'une autre manière : ils doivent être tenus bien secs et à l'abri du contact de l'air. Pour cela , on couvrira les rameaux, et l'on entremêlera avec eux de la paille hachée ou du foin menu , très-sec, qui ne produise point de fermentation. La paille ou le foin devront déborder l'extérieur des rangées de plusieurs pieds (5 ou 6 décimètres), pour tenir cette espèce de nid plus chaudement, pour que l'intérieur ne se sèche que le moins possible , et pour mettre plus d'obstacle à l'éloignement des petits qui voudraient s'enfuir.

Ce que je viens de décrire doit former un tas sur le pavé , dont l'intérieur est occupé par la fange , bien molasse, et l'extérieur par de la paille ou du foin bien sec. Plus les queues des branches entreront dans la fange , mieux l'opération vaudra. Le tout doit former un tas d'environ trois décimètres d'épaisseur (à peu près un pied). Par-dessus cette couche , on peut en mettre d'autres successivement, jusqu'à la hauteur du plancher selon que l'on voudra avoir plus ou moins de semence.

L'appartement sera tenu bien clos, bien net, et préservé de toute odeur forte ou trop acide. On sait que l'essence de térébenthine suffoque le ver à soie, qu'elle le fait tomber en convulsion, puis en paralysie; que les acides font périr nombre d'insectes.

On évitera aussi de tenir de la ferraille près du tas des branches, comme pouvant influer par l'électricité sur les œufs que nous desirons garder loin de toute commotion. Il faut de même éviter que l'appartement soit à côté d'un four où la chaleur pourrait faire éclore les œufs avant l'époque convenable.

Lorsque toutes ces précautions auront été bien prises, et que les *porte-graines* seront arrangés ainsi que je viens de l'indiquer, l'homme n'a plus rien à faire jusqu'à l'année suivante au printemps, où il portera dans les champs ces branches, les pailles, le foin et les balayures de l'appartement, pour les secouer sur le chêne; autrement il n'a qu'à laisser opérer tranquillement ces petits insectes à leur manière; il aura l'assurance de les avoir sous la main, et de les faire multiplier à volonté, sans crainte que l'intempérie des saisons vienne les détruire. Voilà à quoi se borne la conservation de l'insecte, considéré comme semence : l'usage qu'on peut en faire en cet état, est relatif à la manière d'exploiter le chêne qui doit le nourrir.

Il est naturel de penser que dans tout projet d'élever une quantité quelconque d'animaux, la première prévoyance doit porter sur les alimens dont ils auront besoin. Colbert a autant immortalisé son nom en donnant 24 sous de chaque plant de mûrier, que par les encouragemens qu'il accordait aux fabriques de soie. La quantité de kermès que nous pouvons recueillir ou élever, est donc relative à la quantité de chêne que nous aurons.

Cependant il peut y avoir des modifications dans cet axiome, et des extensions à obtenir, lors même qu'on ne resterait qu'avec la quantité d'arbustes actuelle : cela dépend des moyens à employer. Examinons la chose sous les divers rapports qu'elle nous offre, et qui sont :

1° De se borner à répandre le kermès sur tous les chênes qui existent actuellement ;

2° De donner des soins à ces mêmes chênes sans aucune plantation nouvelle ;

3° Enfin, de destiner de nouveaux terrains à la culture de cet arbuste.

Le premier moyen, regardé comme le pire de tous, se rapproche le plus de celui que la nature emploie quand elle est livrée à elle-même : peut-être en serait-elle contrariée si l'art ne venait en outre la seconder ; car nous ne pouvons considérer le kermès trop nombreux, que comme un

parasite incommode qui finirait sans doute par
tuer l'arbre qui le nourrit , si cette même nature
prévoyante en tout , ne se fût réservée l'intempérie des saisons et d'autres moyens pour s'en
débarrasser.

On a observé que les arbres rabougris en
nourrissaient davantage et de plus beaux que
les autres. Il ne fallait voir en cela que le *vice
versâ* de l'arbuste rabougri par la trop grande
quantité d'insectes. Nissole , tout en exagérant,
avance que « lorsque la récolte (de kermès) a
» été fort abondante , on est pendant quelques
» années sans en recueillir. » Mais pour un
observateur , membre d'une académie , il tire
une singulière conséquence de ce fait. « C'est ,
» dit-il , parce qu'il n'a pas resté assez d'insectes
» pour déposer des œufs en suffisante quantité
» pour les années suivantes. » Une année *abondante* où il ne *reste pas assez* d'insectes , est une
chose remarquable ! Que serait-ce dans les années stériles ? Nissole eût mieux raisonné en
disant , que dans l'année d'abondance , l'arbre
avait été trop appauvri pour pouvoir continuer
de donner suffisamment de nourriture à une
même quantité de kermès. Dans l'alternative de
l'arbuste , qui ne peut pas fournir une nouvelle
subsistance , ou celle des insectes qui en ont un
besoin indispensable , il faut que l'un des deux
cède , et c'est l'insecte qui doit périr en grande
partie , et momentanément pour revenir en même

nombre quand les circonstances seront favorables. L'univers est bien coordonné ! Qui veut la fin veut les moyens, car si l'arbuste périssait complettement, toute la famille du kermès ne périrait-elle pas nécessairement avec lui ? Au reste, je n'ai relevé cette erreur de Nissole que parce qu'on vient d'imprimer dans le Moniteur, que ce médecin avait fait autrefois un bon traité du kermès. Il n'y a nul doute qu'une trop grande quantité de kermès ne soit une grosse maladie pour le chêne qui la porte. En vain voudrait-on voir du merveilleux dans un animal précieux sous le rapport des arts, dont la substance sert à teindre la pourpre des rois. Sous le rapport de la végétation, ce n'est rien autre qu'un insecte nuisible qui doit être régularisé. Donc on ne pourrait pas répandre avec profusion généralement et sans autre soin, le kermès sur le petit chêne, à moins que d'exposer celui-ci à de grands dangers.

Le second moyen ouvre un vaste champ aux méditations et aux expériences. Dans une branche d'industrie toute nouvelle, où nul exemple n'est encore offert, il serait à desirer que les sociétés savantes fissent un appel aux lumières et à la bonne volonté des cultivateurs du midi. Si la prime d'encouragement et l'instruction proposée par la Société d'Agriculture de la Seine, pour la récolte du kermès en 1808, eussent porté en même temps sur la culture de l'arbuste et sur la propagation de l'insecte, le but serait déjà rempli, et nous n'aurions pas à regretter avec les vrais amis de l'agriculture et des améliorations, ainsi que l'exprime le savant M. Bosc de l'Institut, qu'on n'ait encore cherché (à cet égard) qu'à profiter de ce que la nature produit spontanément.

Sans doute en prenant l'initiative, je n'aurais pas rempli les conditions desirables ; trop heureux si je répands quelque jour sur cette matière !

Puisqu'il est reconnu que le kermès se nourrit de la sève, il faut nous attacher à augmenter autant qu'il est possible celle-ci ; il faut la régulariser, et pour ainsi dire nous en rendre maîtres ; il faut l'économiser ou la réserver pour l'usage que nous voulons en faire.

Sans entrer dans des détails théoriques sur la manière de circuler de la sève, question d'ailleurs si bien développée par les plus savans naturalistes, je m'adresserai simplement à l'expérience du paysan le plus ignorant, en lui recommandant d'employer pour le petit chêne, les mêmes soins qu'il emploie en général pour tous les arbres qu'il veut rendre sains et vigoureux. Tout le monde peut juger que c'est par les engrais, par la culture, et s'il est possible par l'arrosage : chacun peut les faire à sa manière, on n'a pas besoin de les apprendre ; mais on a d'autres soins à employer si l'on veut donner un cours régulier à la sève ; il faut juger par quels motifs on doit opérer ; entrer dans plus de détails pour lesquels l'induction et la théorie doivent indispensablement nous donner la main.

Il est à remarquer qu'entre toutes les manières de se nourrir des animaux qui vivent aux dépens des plantes, il n'en est pas de plus préjudiciable que celle des gallinsectes. Ils attaquent les branches, même par une perforation qui fait déchirure et qui fait découler la sève. Quelques auteurs ont avancé que cela ne passait pas l'écorce ; mais la chose fût-elle formelle, l'inconvénient n'en serait pas moins grave. Au reste, je me suis convaincu que le bois était attaqué, même au-dessous de l'aubier ; que tout autour de la plaie il était vermoulu, desséché et friable, en un mot qu'il devient carié.

Ce mot, comme chacun sait, exprime une des maladies les plus cruelles pour les végétaux : c'est l'équivalent de la gangrène ; elle est produite par le séjour de la sève qui ne peut plus circuler avec ses qualités vitales, à cause de la solution de continuité et de la déchirure. Dès-lors elle croupit où elle s'arrête ; elle s'y corrompt. De la corruption à la putréfaction, il n'y a qu'un pas ; cette partie en entraîne une autre, et d'encore en encore, tout l'arbuste y passe et meurt. Il faut auparavant recourir à l'amputation, doctrine si bien démontrée par

Laquintinie , Roger Schabol et M. Calvel, etc., au sujet des arbres à fruit ; elle a aussi ses détracteurs.

Si la pratique de la taille considérée en général, se trouve condamnée par quelques auteurs, d'ailleurs recommandables , comme étant contraire aux lois de la nature, elle serait ici nécessitée ensuite de ces mêmes lois ; car d'après la correspondance de nombre qu'il y a entre les branches et les racines, si l'une est supprimée , l'autre doit en souffrir par le défaut d'équilibre, à moins qu'elle ne le reprenne incessamment. Or, c'est comme s'il y avait suppression , et même pire, quand une branche est desséchée ou meurt. Le seul moyen, dans ce cas, c'est de trancher jusqu'au vif, en enlevant tout ce qui est vicié, donnant par-là possibilité à l'équilibre de se rétablir , chose qui ne tarde pas d'arriver par l'extrême rapidité de la pousse des nouveaux jets , catégorie conforme aux deux doctrines. Le point essentiel est de savoir comment, et quand on doit la faire ; ce qui me paraît indiqué par la nature de l'arbre lui-même. Quelques réflexions succintes sur un point de physiologie végétale peuvent nous mettre dans la voie.

La contexture et l'organisation propre des feuilles devraient être la meilleure indication pour l'hygienne végétale, si l'on peut s'exprimer ainsi. Il est surprenant qu'on n'en ait pas fait une règle fixe et générale , dont on pût se servir utilement pour la taille et même pour l'émondage des oliviers. Cette question mérite toute l'attention des agriculteurs du midi. Comme je me propose quelque jour de traiter ce sujet en particulier, je reviens à la question qui nous occupe.

De deux choses l'une : ou les feuilles sont souples, très-flexibles, très-molasses ; ou elles sont fermes, luisantes, quelquefois résineuses. Ces dernières en général, n'abandonnent pas l'arbre pendant l'hiver ; les autres au contraire le quittent à l'approche du froid et surtout de l'humidité.

Si l'on expose une des feuilles souples, par la surface inférieure, veloutée, sur un vase rempli d'eau, aussitôt le fluide se communique à toutes celles qui tiennent à elle ; ce qui serait un grand inconvénient durant le tems des gelées. Celles qui sont lisses au contraire, n'ayant pas cette aptitude, n'en sont point incommodées ; elles ne souffrent pas autant de l'humidité de l'hiver ; d'ailleurs étant portées sur des pétioles fermes, et ayant leur tissu peu élastique, dont l'adhérence met des obstacles à ce qu'elles puissent facilement absorber l'air, elles fatiguent moins et paraissent aussi moins éprouver ce que Linné appelle le sommeil des plantes. On ne les voit point conniventes, ni se rapprocher pendant la nuit par leur face supérieure, toutes circonstances qui semblent les nécessiter à rester plus long-temps sur l'arbre pour faire dans un long espace ce que les autres font dans un moindre intervalle.

Ainsi, en admettant ces deux différentes manières de végéter des arbres, d'après l'expérience la plus formelle, il faut appliquer les soins de la taille relativement. Quant à notre petit chêne, qui se trouve dans la classe de ceux qui ne se dépouillent pas pendant l'hiver, il ne faut le tailler ou l'émonder qu'aux approches du printemps, vers l'une des deux époques où il va développer sa sève avec plus de vigueur, ce qui semble indiqué par la chute des feuilles qui vont faire place aux nouvelles : toutefois on procédera à cette opération avec ménagement ; n'enlevant pas trop de bois ; ayant soin de ne pas l'éclater ; se servant d'un instrument qui coupe bien, et recouvrant la plaie, si petite qu'elle soit, avec de la terre détrempée dans de l'eau, afin d'empêcher le contact de l'air, et faire cicatriser la plaie le plus tôt possible. Si tout est bien exécuté, on aura l'espérance de voir l'arbre prospérer. Alors le kermès, dont la prévoyance est de se mettre sous une bifurcation pour arrêter la sève au passage, aura la faculté de se nourrir de celle attirée par les nouveaux jets ou par la branche ancienne.

Néanmoins on ne doit pas être trop avide de jouir de cette restauration de l'arbre. Ce ne doit être que l'année d'ensuite qu'il faudra y placer les insectes. Il est convenable d'en alterner la récolte. Voilà ce que j'ai voulu dire, en partie, par *régulariser la sève*. Examinons rapidement ce qu'on doit entendre par *l'économiser* et la destiner à un usage spécial.

Le principal, l'unique but de nos soins en cultivant le chêne, doit se porter vers le kermès; c'est pourquoi l'on doit faire à l'insecte le sacrifice de tous les produits de l'arbuste. J'entends par cela d'éloigner les troupeaux, surtout les chèvres, des champs de *garrigues* ou *avaoux* (les touffes de chêne), comme leur faisant des déchirures irréparables, meurtrières; ce qui procurerait le double avantage d'épargner un arbuste dorénavant précieux, et de sauver la vie à une infinité de moutons qui périssent aujourd'hui du pissat de sang ou du brou, ainsi que je le démontrerai dans un mémoire particulier que j'ai le projet de publier sur cette matière.

Mais ce qui consomme plus particulièrement la sève, en général, ce sont les fruits, parce que leur pédoncule, plus perfectionné, et différemment articulé que les autres parties de l'arbre, ne permet plus ou permet difficilement à la sève de redescendre par l'écorce, une fois qu'elle est introduite dans la pulpe, dans le mucilage, ou dans le péricarpe; il faut de nécessité que, les sucs agissant sur eux-mêmes, il se fasse une élaboration et une concentration de principes qui, après avoir donné une matière sucrée, acide ou acerbe, finit par prendre sa destination cornée , huileuse ou amilacée , selon sa nature propre , mais toujours très-onéreuse à la plante ou à l'arbre qui l'a produit.

Je pourrais étendre cette remarque à la floraison, laquelle épuise les plantes par son esprit recteur ou arome, ainsi que je l'ai exprimé dans un mémoire, page 13, sur une question proposée par l'académie de Marseille relativement à la vesce noire ; mais je n'insisterai pas davantage, d'autant qu'il est bien prouvé que plus un arbre est chargé de fruit, moins il pousse de rameaux vigoureux ; et que les arbres qui portent beaucoup de fleurs ont besoin de plus d'engrais que les autres , ce qui se voit par l'oranger, etc. : d'où je concluerai qu'il faut soigneusement émonder le chêne de toutes les fleurs qui paraissent en avril, à l'aisselle des feuilles, sur les châtons (*planche II*, *fig.* 14) , sans attendre que le gland (*planche II*, *fig.* 11 *et* 12) soit tout formé.

Tels sont les soins que je devais à peu près indiquer comme faisant l'objet du second moyen: celui d'utiliser les chênes qui existent. Quant au troisième , tout ce qui est relatif à l'éducation de l'insecte, à l'épuisement de la sève, à la taille de l'arbuste, à l'alternage, etc. , rentre implicitement dans ce qui a été dit pour le premier et le second moyen ; il n'y aurait qu'à ajouter quelques détails sur la plantation ou le semis des nouveaux chênes qu'on voudrait se procurer ; si d'ailleurs ces détails n'étaient point connus de tout le monde , et si l'on ne les trouvait pas dans tous les dictionnaires d'agriculture que l'on peut consulter pour cela. Je dirai succinctement : qu'il convient de semer plutôt que planter ; qu'il faut aligner les plants afin de pouvoir labourer entre deux par *ouillière* , comme on fait de la vigne dans le midi ; qu'il y a un choix à faire et des soins à donner aux glands de semence , par rapport à leur maturité , en laissant tomber ceux qu'auraient attaqués les vers (*Planche II, fig* 12) ; par rapport à leur conservation, en les mettant dans un lieu bien sec, jusqu'au moment de les semer, ce qui doit être vers la fin de l'hiver. On doit semer très-épais pour parer à ce que détruisent les mulots, et pour remédier à ce qui ne serait pas enterré. D'ailleurs, plus il germera de glands, moins les mauvaises herbes auront de quoi végéter : tout cela est connu. Il resterait à examiner s'il y aurait possibilité et utilité de le faire.

Ordinairement ceux qui présentent des projets ne manquent pas de les donner comme étant la chose du monde la plus facile , applicable en tout lieu , et surtout de la plus grande utilité ; je n'emploierai pas cette méthode ; et m'adressant aux personnes éclairées , entre les mains de qui ces opuscules peuvent tomber , je leur laisserai le plaisir de juger elles-mêmes quel doit être le mérite de mes assertions.

Quelques auteurs ont mentionné que le kermès prospérait beaucoup mieux vers les bords de
la mer que dans les lieux qui s'en éloignent.
Cette assertion, fondée jusqu'à certain point,
provient de diverses causes. Premièrement, la
proximité de la mer (Méditerranée) suppose
un certain degré de chaleur nécessaire pour faire
éclore ou pour faire vivre notre insecte : selon
mes observations, c'est depuis le 5 ou 6ᵉ jusqu'au
18ᵉ de Réaumur. En second lieu, plus un ter-
rain est en plaine, plus il y a de terre végétale
pour pouvoir faire croître des chênes vigoureux
capables de réparer les pertes qu'ils éprouvent
par la succion de l'insecte.

Le savant auteur de la Statistique des Bouches-
du-Rhône, M. Gérard, a observé que le froid
qui fait périr l'olivier fait aussi périr le kermès, ce
qui arrive lorsque le thermomètre descend à 6 et
au-dessous, selon le plus ou le moins de verglas :
d'où il faudrait inférer que l'on ne peut élever le
kermès qu'aux mêmes lieux et avec la même ex-
position nécessaire pour les oliviers. Cependant,
en considérant que le froid qui fait périr l'arbre
olifère ne fait aucun mal à notre arbuste, on
peut avoir l'espérance d'étendre l'industrie du
kermès dans d'autres lieux que ceux des bords
de la mer, et peut-être même dans une zone
plus nord que celle où l'on a connu ce gallinsecte
jusqu'à présent, surtout en suivant la pratique
artificielle que j'ai indiquée ci-dessus, de mettre
les graines à l'abri des rigueurs de l'hiver. Toute

la différence qu'il y aurait, c'est que la récolte serait moins précoce, et qu'il faudrait avoir l'attention de ne secouer les graines sur l'arbre que lorsqu'on ne craindrait plus les gelées, et à la température de 6 à 8 de Réaumur.

Comme il est intéressant de propager le petit chêne (*quercus coccifera* Linn.) dans des lieux où il ne serait point encore connu, je crois en devoir donner ici une courte description.

Cet arbuste s'élève à la hauteur de 2 à 3 pieds (6 à 10 décimètres); sa racine, qui est ligneuse (*Planche II, fig.* 15), trace beaucoup; elle est de différente grosseur, depuis 2 ou 3 décimètres jusqu'à 5 millimètres et moins ; elle est couverte d'une écorce lisse.

La tige a une écorce raboteuse (*Planche II, fig.* 10); la feuille est ovale, indivise, unie, à dentelure épineuse.

Le gland (*Planche II, fig.* 11, 12 *et* 13) est porté par un pédoncule ; il est partagé en deux lobes recouverts en partie d'une croûte coriacée, d'une seule pièce, lisse, unie en-dedans et raboteuse au-dehors (*Planche II, fig.* 13), sous la forme d'une coupe ou capsule.

Ses fleurs sont des châtons (*Planche II, fig.* 14) sans pétale, formées par des étamines courtes, quelquefois au nombre de cinq, de huit ou de dix.

Les fleurs mâles et femelles sont portées sur un pédoncule commun, quoique séparées sur le même châton.

Le calice de chaque fleur mâle est d'une seule pièce divisée en 4 ou 5 découpures aigues, et souvent chaque découpure est encore divisée en deux.

Le calice des fleurs femelles est d'une seule pièce, dure, coriace, raboteuse, en forme de coupe ; il est à peine visible pendant le tems de la floraison ; le pistil est plus long que le calice ; les stiles, au nombre de 2 ou de 5, sont comme des fils de soie. Après cette description, je reviens à la manière de le cultiver et à l'examen des lieux où il peut être introduit.

Loin de prétendre qu'il faille changer la face de l'agriculture du midi, en consacrant généralement toutes les terres au kermès, ou, ce qui est la même chose, au petit chêne, je dirai qu'il convient de ne le mettre que dans les friches, sur le penchant des collines trop inclinées, où l'imprudente avidité d'une culture souvent nulle expose la terre à être emportée par les pluies ; surtout il convient de le placer dans les communaux stériles et improductifs, où nul soin ne donne nulle espérance, les premiers occupans s'y disputant une chose qui n'existe pas encore, et pour laquelle des rixes cruelles font voir l'inconvénient d'un usage indivis.

Faudrait-il pour ces semis des frais bien considérables ? Quelques labours et une semence à peu près gratuite ne seraient-ils pas amplement remboursés dans la suite, lors même que l'éducation du kermès ne serait que temporaire; chose peu supposable si l'on considère que, lorsqu'une industrie est impatronisée dans un canton, elle ne fait qu'accroître. La vogue vient presque toujours de l'importance d'un objet, et surtout de l'assurance qu'on a de se le procurer. Si le kermès de Provence a cessé d'être demandé, c'est parce qu'il ne pouvait pas suffire aux besoins du commerce, plutôt qu'à cause de ses qualités intrinsèques. Mon assertion, à cet égard, n'étant pas suffisante, je transcrirai ce que disent les estimables rédacteurs de l'Instruction sur la récolte du kermès précitée.

« La partie colorante est peut-être un peu
» plus abondante dans la cochenille que dans le
» kermès ; mais celui-ci a toujours été réputé
» de meilleur teint ; sa couleur a toujours été
» regardée comme étant bien plus vive, bien
» plus brillante que celle qu'on obtient de la co-
» chenille.

» Le kermès employé seul et à plus forte
» dose a donc sur la cochenille une supériorité
» bien reconnue, et qu'il aurait conservée, sans
» doute, dans l'opinion, si cette dernière subs-
» tance (la cochenille) n'était infiniment plus
» abondante et bien plus facile à recueillir que
» l'autre. N'en doutons pas ; c'est à l'immense
» quantité de cochenille que les Espagnols ré-
» pandaient en Europe et dans l'Orient, et à
» l'extrême rareté du kermès, qu'est due la

» préférence que l'une a constamment obtenue
» sur l'autre ; et cette rareté du kermès a dû
» nécessairement se faire sentir davantage de
» jour en jour ; moins recherché, moins de-
» mandé par les teinturiers , les habitans du
» midi ont dû cesser peu à peu de recueillir une
» substance colorante qu'ils n'avaient plus la fa-
» cilité de livrer à des marchands à mesure
» qu'elle était recueillie. » On peut donc croire,
avec certitude, que cette industrie n'a besoin que
d'être mieux connue pour être pratiquée.

Mais en supposant le produit du kermès peu
considérable , je dirai même nul , n'est-il pas
rigoureusement nécessaire de prévoir cette af-
freuse pénurie de combustible qui menace la
Provence , et qui pèse déjà horriblement sur
divers de ses points ? Quel motif plus heureux
que celui qui aurait pour but une amélioration
future , en même tems qu'il nous enrichirait
dans le moment actuel ! Au lieu de mériter, à
bon droit, l'épithète de *gueuse parfumée*, cette
contrée verrait bientôt le sol enrichi par la
chute des feuilles du chêne ; la terre végétale ou
humus , retenue par les racines ; l'atmosphère
rafraîchi par une plus grande quantité de végétation. Dorénavant l'œil ne serait plus fati-
gué d'une triste stérilité ; une barrière serait opposée au *mistral*, ce siroco de Provence qui dé-
vore jusqu'au dernier atome de l'humidité atmosphérique.

Quel est le voyageur qui, traversant péniblement la plaine de la Crau dans les territoires de Salon, Istre, Fos et Arles, sur une étendue de 7 ou 8 lieues, n'a pas cru se trouver tout-à-coup au milieu des déserts de l'Afrique, en ne rencontrant sur la route aucune culture, aucun arbre, aucun arbuste capable d'ombrager sa tête ou de réjouir sa vue! Combien un pays a l'air misérable lorsqu'on n'y voit pour toute végétation qu'une herbe courte, quoique fine, rare, venant entre des cailloux qui la recouvrent! Quelques personnes pourraient croire que ces lieux sont stériles ; cependant le chêne y vient à merveille ; des *touasques* (touffes) qui restent encore, loin des habitations, attestent que sans l'avide cognée cet arbre boiserait le pays, comme il le boisait quand il était venu, autrefois, naturellement. Mais bientôt il n'en restera pas même de vestiges. Croirait-on que malgré la nécessité bien reconnue de conserver les bois, on a vu, vers ces derniers temps, d'avides et imprudens incendiaires, après avoir mis le feu aux touffes de chênes, sur pied, pour brûler les feuilles ou piquans, en arracher jusqu'aux racines qu'ils avaient l'impudence de venir vendre à la ville. Cette calamité se renouvelle quelquefois ; il est tems que le gouvernement sévisse contre de tels délits ; il faut mettre un terme à l'avidité de ces dévastateurs publics ; c'est ici que la surveillance de l'administration forestière doit être rigoureuse , afin que si l'on ne plante pas, on puisse préserver au moins ce qui reste. Il faut avoir la prévoyance de conserver cette précieuse et facile industrie qui donnait autrefois de l'occupation à tant de femmes et d'enfans par la récolte du kermès.

Les frais pour la culture du kermès , comme on a pu le voir, se bornent à bien peu de chose ; car la nature, s'étant chargée d'en faire l'éducation , de pourvoir à sa nourriture, l'homme n'a besoin que de le cueillir , d'éloigner les pigeons qui en sont très-friands , quoique ce soit pour eux une très-mauvaise nourriture, qui leur donne le dévoiement, et qui communique à leurs excrémens une teinte rouge avec laquelle ils colorent tout l'intérieur de leur habitation. On cherche bien à corriger cet inconvénient, pour la santé des pigeons , lorsqu'on met dans le colombier de grosses cristallisations de muriate de soude, ou plusieurs pains d'argile imbibée d'eau nitrée et ensuite pétrie ; mais je pense qu'il serait possible de tirer parti de la propriété colorante , et peut-être perfectionnée qu'ont ces excrémens, ou bien qu'il faudrait laisser les pigions incommodés jusqu'à excès, pour qu'ils ne fissent pas autant de dégâts au kermès jusqu'au moment de la récolte, qui a lieu , comme je l'ai dit , vers la fin de mai.

A cette époque, les femmes, les enfans se rendent en troupe sur les lieux de production , et à l'envi les uns des autres ; ils cueillent l'insecte précieux , l'arrachent avec leurs ongles , qu'ils ont soin de laisser venir bien longs pour cela. C'est surtout le matin avec la rosée qu'on l'exploite le mieux ; premièrement parce que les pointes des feuilles de l'arbuste (*Pl. II , fig.* 10) sont alors moins piquantes ; ensuite parce que , malgré bien des précautions, en ouvrant les coques , on n'est pas autant exposé de répandre les petits insectes par l'humidité.

Ordinairement une femme en ramasse un demi-kilogram. ou environ par jour ; mais parmi elles , il en est de plus rusées ou plus adroites, qui ont soin de visiter d'avance les lieux où il y en a le plus , et , parcourant beaucoup d'arbustes qu'elles déflorent , cela leur est très-avantageux ; alors elles augmentent leur journée d'un quart ou d'un tiers , et gagnent quelquefois jusqu'à 3 ou 4 francs ; bien souvent aussi elles ne gagnent pas autant, selon que les marchands s'entendent, ou que la récolte est peu abondante.

C'est peut-être à l'avidité de ne cueillir que les endroits les mieux garnis , que l'on doit la conservation de l'espèce ; car si l'insecte avait l'inconvénient de périr par les froids rigoureux dans certaines années , et d'être ramassé exactement dans d'autres , bientôt il disparaîtrait. On le vend ordinairement 5 ou 6 francs le kilogramme au moment où on le cueille ; ensuite il déchette à peu près des deux tiers de son poids, et se vend 17 ou 18 francs, quand il est complétement sec.

Quelquefois l'avidité du peuple dévance la véritable époque de la cueillette, et cette précipitation nuit à la quantité et à la qualité. Il y a pourtant moins d'inconvénient à dévancer la récolte qu'à trop la retarder, parce que, dans ce dernier cas, on laisse échapper les petits. Le véritable instant à saisir est celui où l'animal a donné naissance à tous les individus qui étaient contenus dans son corps, et que les deux peaux de son ventre et de son dos sont le plus rapprochées; alors on commence à apercevoir, parmi eux, les efforts qu'ils font pour se débarrasser de leur fourreau. Dans cet instant, tout est substance tinctoriale, à l'exception de la matière du nid.

Pour ramasser le kermès, on se sert de pots de grès ou terrines, que l'on tient sous la branche à mesure qu'on en détache l'insecte, et afin de perdre le moins possible de ses débris. C'est même en raison du plus ou moins de ces débris, sous forme de poussière rouge, nommée *pousset*, que les marchands apprécient la qualité, parce qu'elle leur est nécessaire pour faire une préparation qu'ils appellent le lustrage, ce qui n'augmente ni ne diminue en rien le mérite intrinsèque de la chose, mais ce qui lui donne un aspect plus rouge pour mieux prendre les ache-

teurs. On fait cette opération en mettant , dans
un sac rempli à moitié et bien noué , 5 à 6 ki-
logrammes de la poudre rouge , sur 50 kilo-
grammes de kermès ordinaire : deux personnes
tiennent le sac, chacune d'un bout, et agitent ,
de leur mieux , le tout ensemble, pour faire
tomber l'espèce de duvet blanchâtre de la gousse,
de façon que tout sort rouge et luisant.

En cueillant le kermès on est dans l'usage de
l'arroser avec de l'acide acéteux (vinaigre) ,
afin d'étouffer les petits qui voudraient s'enfuir.
Cette pratique, au surplus, prescrite par le
Cours complet d'agriculture-pratique , édition
de 1809, page 260, doit être rejetée ; elle est
très-vicieuse, parce que les acides , comme chacun sait , sont capables d'augmenter l'intensité
de ton de la plupart des couleurs rouges. Il
ne faut pas faire une opération qui « donne
» une couleur rougeâtre. » Lorsqu'une substance est pure , exempte de principes étrangers,
l'artiste ou le teinturier savent bien mieux, et
en moins de temps, faire les mélanges pour obtenir la couleur qu'ils désirent.

On évitera de mouiller le kermès , surtout
avec des eaux séléniteuses , puisque les sels calcaires font passer au cramoisi la couleur écarlate. Il ne faut pas non plus le tenir en grande
masse avant qu'il ne soit complétement sec ,
pour éviter la fermentation qui produit toujours
du carbone ; car on sait , par exemple , que

l'indigo n'est autant intense que parce qu'il contient 23 parties de carbone contre 47 de molécules colorantes. D'après cette observation, on
doit condamner la méthode d'étouffer l'insecte
en le mettant au four, parce qu'on n'est pas
bien sûr, en le torréfiant, de ne pas le char-
bonner.

Ces remarques ne sont pas à dédaigner ;
peut-être c'est à leur omission que notre kermès doit de n'avoir pas joui de toute la réputa-
tion qu'il méritait.

Afin d'obvier aux inconvéniens qui résultent
des deux manières d'étouffer le kermès par l'acide
acéteux et par la chaleur du four, je proposerai
de faire cette opération au bain-marie, moyen
plus sûr, plus prompt et plus économique que
tous ceux employés jusqu'à présent. Dans toutes
les campagnes où viennent coucher les ouvrières,
on a des marmites ; il n'est pas bien difficile de
les remplir à moitié avec de l'eau, de mettre
dedans cette eau le pot qui contient le kermès,
et de faire chauffer jusqu'à ébullition. Certaine-
ment, un tel degré de chaleur doit étouffer les
insectes sans occasionner aucun inconvénient à
la partie colorante, ce qui n'empêche pas de les
faire sécher à l'ordinaire, exposés au soleil sur
du linge.

Malgré la cherté de cette substance dans le
commerce, il n'arrive que trop souvent de voir
que les femmes qui en font la récolte, sont dé-

couragées par la difficulté de la vente lorsqu'elles
sont obligées d'offrir leur marchandise. Beaucoup d'entr'elles ne se livrent au travail que
quand les prix sont bien connus, ce que l'on
ne sait quelquefois que lorsqu'il n'est plus tems,
c'est-à-dire, quand les insectes sont partis. Ordinairement, les marchands font faire des publi-
cations dans les villages, en mentionnant le
prix qu'ils donneront chaque jour ou chaque
semaine, et l'on en passe par-là, à moins qu'il
n'y ait concurrence par divers commissionnaires
qui viennent s'établir momentanément sur les
lieux.

Il serait à propos que le Gouvernement don-
nât l'éveil à l'industrie, en publiant chaque
année des instructions sur le moment le plus
opportun de faire la cueillette, comme on public
le ban de certaines récoltes au moins pendant
quelques années. Par la suite, quand ce commerce aurait pris son débouché, les choses iraient
d'elles-mêmes.

Je n'ai pas besoin d'insister davantage sur
l'éducation, la propagation et la récolte du kermès. Ce que j'ai mentionné est plus que suffisant
pour faire connaître un insecte qu'on ne saurait
trop chercher à répandre, qui vient avec succès
dans nos départemens méridionaux, et qui vien-
drait peut-être dans d'autres départemens de
l'Empire, pour ouvrir une source féconde de
richesses. S'il faut s'en rapporter à l'hyperbole

de quelques auteurs, dont Réaumur n'a pas craint de partager l'opinion, « le Mexique est peut-
» être plus riche par sa cochenille que par ses
» mines d'argent. » Ce qu'il y a de certain,
c'est que M. le Comte Chaptal, dit dans ses Elémens de Chimie, « qu'on a calculé en 1736,
» qu'il entrait en Europe huit cent quatre-vingt
» mille livres pesant de cochenille par an. » On
peut juger d'après cela quel doit être le con-
tingent de la France, et si elle ne doit pas faire
tous les efforts pour remplacer cette matière
tinctoriale, et éviter l'exportation de son numé-
raire pour se le procurer.

Quant aux propriétés exactes ou comparées du kermès avec la cochenille, relativement aux arts, Nissol avait déjà observé que « si le kermès
» en approchant de la pourpre romaine, donne
» une écarlate moins vive que la cochenille,
» elle a pourtant un avantage sur elle, c'est
» qu'elle ne change point de couleur quand il
» y tombe de l'eau par-dessus, comme il arrive
» à la cochenille qui devient noirâtre à l'instant.
» A l'égard de l'emploi qu'en font les teintu-
» riers pour la cochenille, il faut une compo-
» sition d'esprit de nitre; au lieu que pour le
» kermès, il ne faut que des eaux sûres, faites
» avec le tartre et l'alun. »

Nous avons de trop habiles chimistes en France pour ne pas croire que bientôt on ne trouve le moyen d'en tirer plus de parti que de la cochenille même, en l'unissant aux substances convenables pour lui donner l'éclat, comme il a la fixité. Sans vouloir me faire juge dans cette matière, je proposerai mes doutes avant que de terminer un ouvrage que je desirerais faire aussi complet qu'il m'est possible, ou du moins qu'il fît naître des réflexions utiles à cet objet.

L'analyse chimique du kermès doit faire préjuger ses usages et ses propriétés. Avant que les progrès de la chimie se fussent autant éterdus que ce qu'ils ont fait de nos jours, Garidel et Émeric avaient reconnu que cet insecte, cueilli tout récemment, donnait beaucoup d'huile et de sels, tant fixes que volatils, sans dire de quelle espèce. Il suffirait encore de le considérer comme une substance animale, pour juger que ses molécules doivent mieux résister à l'action de l'air, de la chaleur, de l'eau, et conserver leur couleur, que si c'étaient des extractifs et des muqueux, d'après les principes posés par M. le Comte Chaptal. (*Chim. appl.*, *tome IV*, *page* 399.)

Mais puisque, selon le même auteur, « il » n'est que quelques substances astringentes » ou résineuses qui soient susceptibles de con- » tracter une sorte d'adhésion avec les étoffes, » sans aucun intermède d'union; » ne pourrait-on pas l'employer dans cette vue, avec une de ces substances, surtout avec celles qui lui donne- raient des propriétés tinctoriales éclatantes, telles que le carthame ou le résidu résineux du safranum amestré, et qui pourraient peut-être nécessiter l'emploi de moins d'alunage, dont l'effet est toujours de changer l'intensité de ton? Je ne fais qu'indiquer ceci. On sait par exemple que les Turcs sont dans l'usage de se servir d'une espèce de noix de galle rougeâtre, de la grosseur d'une noisette, qu'ils nomment *bad-zenge*, et à Damas en Syrie, *baisonge*, dont ils mêlent trois parties avec la cochenille pour faire leur écarlate. Réaumur s'est convaincu que ce *baisonge* croît en Provence sur les térébinthes; il ne s'agirait peut-être que de l'utiliser.

Il faudrait éviter de le mettre en contact avec des oxides métalliques; car en s'unissant à eux, celui d'étain excepté, il a la propriété de noircir jusqu'au point de pouvoir faire de l'encre, surtout avec le sulfate de fer, d'où Marsilly avait conclu que le kermès était une galle du petit chêne. Mais, observe Réaumur, cette expérience, offre cela de curieux, que les matières végétales, quoiqu'ayant passé par le corps de l'animal, ne sont pas dénaturées et sont encore propres à faire de l'encre.

Cette circonstance pourrait peut-être conduire à une importante découverte, si l'on recherchait jusqu'à quel point la sève du chêne contient des principes colorans, à nu, sans la participation de l'insecte, puisqu'il y a astringence avec l'animal qui s'en nourrit, comme aussi la sève est

astringente sans lui, tandis que d'autre part , les
oxides et les substances calcaires ont de l'affinité
ou peuvent modifier les principes colorans du
chêne en général. Afin de renforcer mon doute
et pour mieux rendre ma pensée, je me servirai
en partie des expressions de l'un des flambeaux
de la science, en citant la page 460 du tome IV
de la Chim. appl. aux arts de M. le Comte
Chaptal.

« J'ai constamment observé , dit-il , que la
» chaux avait une telle affinité avec tous les
» principes colorans de la classe des astringens,
» qu'elle se combinait avec eux , et en avivait
» la couleur à tel point, qu'en mêlant de la
» chaux vive avec une forte décoction aqueuse
» de l'écorce du chêne noir , d'Amérique sep-
» tentrionale , il en résulte dans le moment un
» *magma* d'une magnifique couleur jaune , qui
» jouit d'une assez forte fixité , et dont on peut
» tirer un très-grand parti dans la teinture. »
Mais notre petit chêne contient·il , dans
certaines de ses parties, quelques principes colorans à nu ? Si ces principes existent, jusqu'à
quel point ont-ils besoin d'être modifiés dans le
corps de l'insecte ? ou bien, peut-on, sans sa
participation, les unir avec d'autres substances
pour les rendre colorans ? Quelle est la partie
du végétal qui les renferme plus particulièrement ? Toutes ces questions embarrassantes né-
cessitent la sagacité des plus savans naturalistes,

chimistes ou physiciens, et méritent leurs observations. Sans en donner la solution, je puis
rapprocher quelques analogies.

Premièrement, le kermès du petit chêne n'est
pas le seul qui, par ses dépouilles, donne une
belle substance rouge. On a aussi celui de Pologne qui vient sur les racines de la *renouée*, ou
la *traînasse*; un autre est produit par l'*arbousier*;
on en voit un s'attacher au *fraisier*; divers autres enfin sont portés par la *busserolle*, la *piloselle*.
Il est très-essentiel d'observer que tous ces végétaux sont plus ou moins rouges, en totalité ou
en partie; et qu'ils ne font que communiquer la
substance colorante aux insectes qu'ils nour-
rissent.

En second lieu, il existe deux faits plus con-
cluans encore, et parfaitement avérés; savoir :
que les Indiens de Honduras qui mangent la
figue du *nopal* ou *opuntia*, la même précisément
qui porte la cochenille, rendent leurs urines
rouges comme du sang. Le Cours complet d'agriculture par l'abbé Rosier ne mentionne-t-il pas
que : « Le lait des vaches (nourries avec du
» fourrage de garance) prend une teinte rouge,
» et le beurre une couleur jaune; mais l'un et
» l'autre n'en sont pas moins bons. Lorsque
» l'on mêle, pendant plusieurs jours de suite,
» de la *garance* en poudre avec la nourriture des
» poulets et des jeunes pigeons, etc., les os de
» ces animaux perdent insensiblement leur cou-

» leur blanche , et se teignent en rouge plus ou
» moins foncé, suivant le nombre de jours qu'ils
» sont nourris ainsi. »

L'intromission d'un suc colorant jusqu'à l'ostéologie du poulet et la couleur excrémentielle
de nos pigeons mangeurs de kermès ne sont-ils
pas des phénomènes capables de faire trouv
les causes qui nous intéressent ici, comme on
en déduit les effets ? Certains rapports se présentent entre notre insecte , notre petit chêne et
les plantes que j'ai mentionnées : d'où l'on peut
inférer que les molécules colorantes qui préexis-
tent dans ces végétaux ne souffrent que de légères
modifications en passant par le corps d'animaux
différemment conformés. Cela ne mènerait - il
pas à croire que notre kermès peut ne faire , à
peu près , que transmettre des sucs ayant déjà
les propriétés tingentes , sauf le développement
à leur faire acquérir par quelque intermédiaire
inconnu qu'il faut chercher.

Mais dans cette hypothèse quel est le lieu de
l'arbuste qui contiendrait ce principe colorant
ou cette substance éminemment astringente?
Est-ce la sève ascendante? est-ce la sève qui descend ? Faut-il ne la chercher qu'à l'épiderme ?
Doit-on approfondir jusqu'à l'aubier? La trompe
du kermès va-t-elle assez avant dans le bois pour
se l'approprier ? On pourrait juger par des expériences si ce n'est seulement qu'à l'écorce ,
comme je le soupçonne.

Une triste expérience acquise par quelques moutons qui me sont morts en mangeant du brout de chêne, comme je le dirai dans un Mémoire à ce sujet, m'a déjà prouvé que les sommités du petit chêne sont d'une grande astringence. Il faudrait, pour le cas présent, essayer de ne nourrir des bestiaux qu'avec des brins de chêne, et ramasser leurs urines pour les analyser ; peut-être leur reconnaîtrait-on des propriétés tinctoriales.

Mais je sens que mon désir de voir utiliser nos ressources, m'entraînerait malgré moi de conjecture en conjecture ; c'est pourquoi je me bornerai à deux questions encore, en demandant si l'on ne devrait pas rechercher l'insecte qui vit probablement aux dépens de la *garance* et de la *betterave*, comme celui de Pologne vit sur la *renouée*, afin de s'en servir avec fruit. N'y aurait-il pas aussi possibilité de tirer un parti utile de l'immense quantité de feuilles de *betterave rouge* que va fournir la culture de cette plante, en ne donnant spécialement que la fane colorée pour nourriture à des animaux, dont on recueillerait avec soin les urines, lesquelles devraient être soumises à des expériences ; par-là on fixerait doublement l'attention sur une plante intéressante qui va devenir usuelle.

Je me résume en disant que le kermès pouvant remplacer la cochenille des Iles, doit être encouragé par tous les moyens possibles ; que cet

insecte peut, avec des soins artificiels, être con-
servé, répandu, élevé à volonté, si on pré-
serve ses œufs des rigueurs de l'hiver, comme
j'en donne les moyens ; qu'on peut l'étendre sur
tous les arbres dont il se nourrit, même dans
des climats où l'on ne l'a pas vu naître jusqu'à
présent ; que le chêne qui le porte mérite des
soins, tels que des engrais, des cultures, des
émondages, une taille ; qu'il est instant d'empêcher la destruction de celui-ci, lors même
qu'on n'augmenterait pas sa quantité ; que l'é-
mondage de ses menus brins, après avoir été
séchés et pulvérisés, peuvent fournir un excel-
lent tannin, etc.

C'est aux Sociétés savantes, c'est au Gouvernement à provoquer les lumières des personnes
instruites, à exciter l'émulation des agriculteurs,
en proposant des instructions, en promettant
des primes d'encouragement et en demandant
des expériences à cet égard.

Ma tâche étant remplie, je m'estimerai heureux si mes observations étaient prises en considération.

FIN.

DE L'IMPRIMERIE DE Mme Ve JEUNEHOMME,
RUE HAUTEFEUILLE, N° 20.

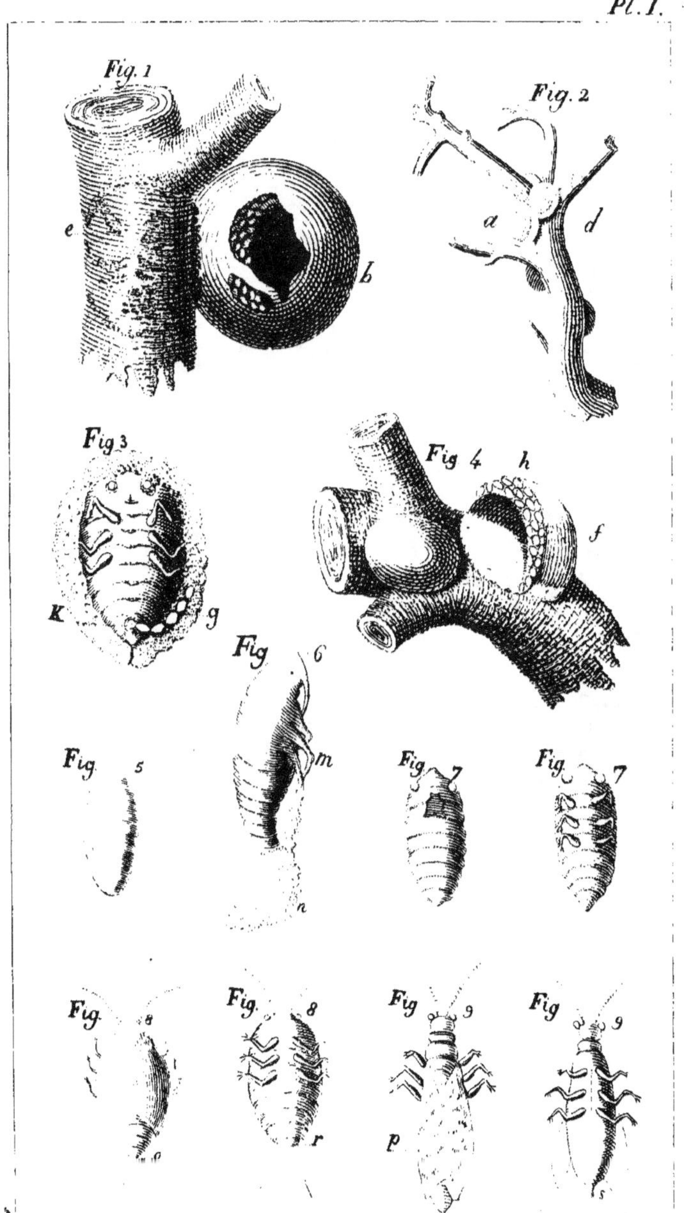

Truchet d.   J. M. VERAN Sc.

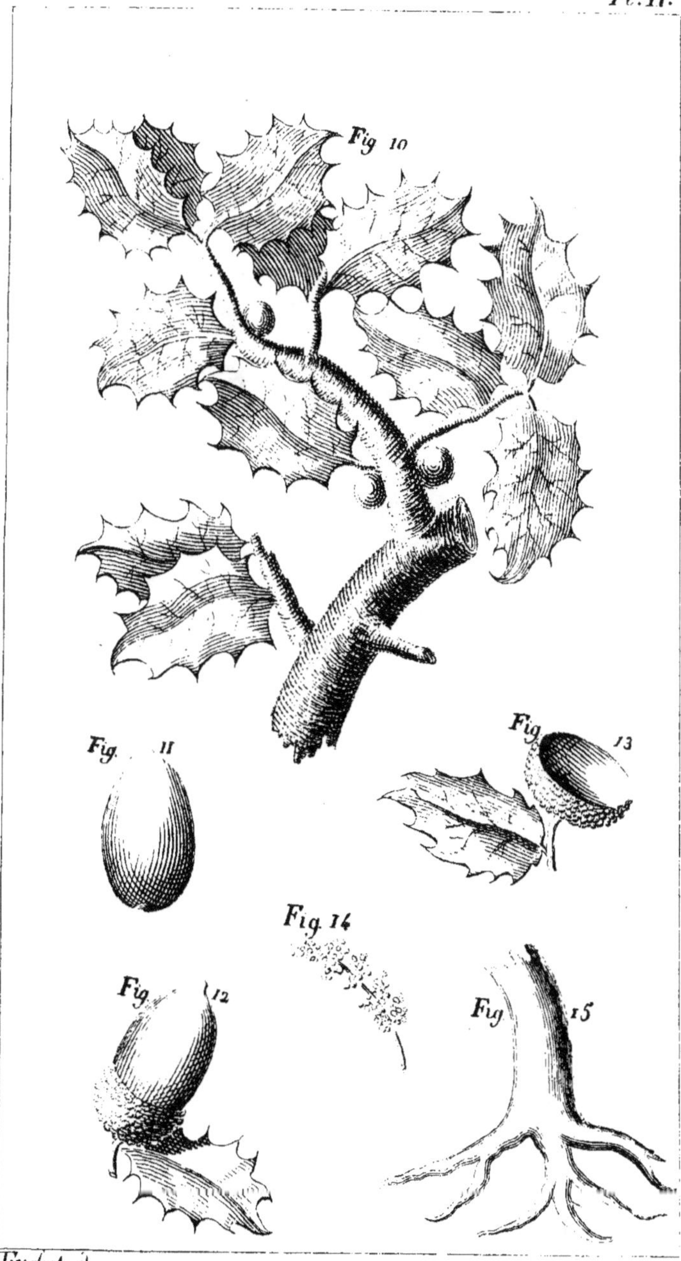

Tardieu d.